# VIREN & BAKTERIEN
## DIE GEHEIMNISVOLLE WELT DER MIKROBIOLOGIE

---

Alles was Sie über Mikroben und Krankheiten wissen müssen - Wie Sie Ihr Immunsystem stärken und sich ab sofort richtig schützen

# INHALT

# Einführung

Wussten Sie schon, dass sich in jedem menschlichen Körper eine ganze Billiarde Mikroorganismen befinden? Eine Billiarde – schreibt man diese Zahl aus, dann ist das eine Eins mit 15 Nullen! Diese Masse an Mikroorganismen nennt man Mikrobiom. Es übersteigt die Anzahl der körpereigenen, menschlichen Zellen um das Zehnfache und macht ein bis drei Prozent unseres Körpergewichts aus. Das können bei einem ausgewachsenen Menschen ganz leicht bis zu zwei Kilogramm sein. Doch diese Organismen sind nicht schädlich für uns. Ganz im Gegenteil – sie retten uns tagtäglich das Leben. Unsere Hautflora zum Beispiel schützt uns vor schädigenden Einflüssen aus der Umwelt und in unserem Darm siedeln sich gute Bakterien an, die unsere Verdauung erst möglich machen!

Woher kommt also diese strikte Abneigung des Menschen gegen Bakterien? Warum tun wir alles dafür, um eine möglichst saubere, bestenfalls klinisch sterile Wohnung zu haben? In diesem Buch soll es darum gehen, diese Fragen zu beantworten. Dazu ist es zunächst einmal wichtig, zu verstehen, was Bakterien und was Viren eigentlich sind. Was unterscheidet sie und warum sind manche Mikroorganismen gut und andere schlecht, vielleicht sogar tödlich für uns? Wir schauen uns außerdem an, hinter welchen bekannten Krankheiten welche Erreger stecken und warum gegen eine echte Grippe kein Antibiotikum hilft. Wir lernen, wie Erreger vom Arzt bei einer Diagnose auseinandergehalten werden und wie sich dadurch die Therapieform verändert. Außerdem sollen etliche Begriffe geklärt werden. Worin unterscheiden sich eigentlich Pandemien und Epidemien?

Das Buch soll vor allem einen Mehrwert für den Alltag liefern. Deshalb ist es wichtig, sich anzuschauen, wo welche Erreger am ehesten lauern, wie sie übertragen werden und wie man sich schützen kann. Denn diesbezüglich gibt es Unterschiede: Kann ich mich einem Erkrankten nähern, beispielsweise um ihn zu versorgen, da die Krankheit nur von Tieren auf Menschen übertragen wird, aber Menschen sich nicht gegenseitig anstecken können? Oder ist mein Gegenüber vielleicht doch hoch ansteckend, wodurch auch ich schnell erkranken könnte?

Auch die bekanntesten Krankheitsanzeichen werde ich für Sie erklären, damit Sie im Alltag ein geschultes Auge haben und für gewisse Anzeichen sensibilisiert werden. Wir machen außerdem einen kurzen Abstecher in das Reich der Parasiten und Pilze, da diese uns in unserem Umfeld ständig begegnen. Wir lernen deren unterschiedliche Eigenschaften kennen und klären, wie schädlich sie für uns sind.

Wenn uns nun ein Erreger infiziert, was passiert dann eigentlich in unserem Körper? Welche Prozesse werden in Gang gesetzt und warum werden wir nicht viel häufiger krank, wenn wir so vielen Keimen ausgesetzt sind? Dies liegt natürlich an unserem Immunsystem und auch dieses wird nachfolgend noch ausführlich erklärt.

Auch über Vorsorgemaßnahmen, die wir selbst in der Hand haben, wird es in diesem Buch ein ganzes Kapitel geben. In diesem wird erklärt, welches Maß an Hygiene im Alltag sowie im Haushalt angebracht ist und wie dieses umgesetzt wird. Beispielsweise wird das richtige Händewaschen erklärt und es wird erläutert, wann Desinfektion Sinn macht und wie man diese richtig durchführt. Zur Vorbeugung gehören auch Schutzimpfungen. Was passiert da eigentlich im Körper und welche Unterschiede gibt es bei Impfungen?

Sie sehen – es gibt viele Fragen zu klären. Zu allen bereits genannten Fragen wird es im Laufe des Buches Antworten geben. Ich wünsche Ihnen viel Spaß beim Lesen und weiterhin eine gute Gesundheit!

# Bakterien

## WAS SIND BAKTERIEN?

Bakterien umgeben uns in allen Lebensräumen. Nicht alle von ihnen sind gefährlich für uns. Doch um das zu verstehen, müssen wir von vorne beginnen. Was sind Bakterien überhaupt? Bakterien sind die kleinsten lebenden (Mikro-)Organismen auf der Welt. Sie sind so klein, dass man ein Mikroskop benötigt, um sie zu erkennen. Genau genommen können sie normalerweise zwischen einem und zehn Mikrometer groß sein. Die kleinsten bisher bekannten Bakterienarten, die Nanobakterien oder Mycoplasmen, sind sogar nur zwischen 0,2 und 0,5 Mikrometer groß. Im Vergleich: Bakterien mit der Größe von einem Mikrometer sind ganze zehn Mal kleiner als ein rotes Blutkörperchen! Die Form der Bakterien variiert ebenso wie ihre Größe: Sie können kugelförmig, stäbchenförmig, quaderförmig oder sogar sternchenförmig sein.

Ihr Aufbau ist etwas komplexer als der eines Virus. Sie gehören zu den Prokaryonten, was bedeutet, dass sie keinen Zellkern besitzen, der normalerweise von einer Hülle umschlossen wäre. Dennoch weisen sie mehr Einzelteile auf als Viren. So besitzen Bakterien statt einer Zellmembran, wie Menschenzellen sie beispielsweise aufweisen, nur eine einfache Zellwand. Darin befindet sich das sogenannte Cytoplasma, eine wässrige Flüssigkeit, in der einige Nährstoffe enthalten sind, die aber auch für Stabilität sorgt, damit die Zelle nicht in sich zusammenfällt. In dem Cytoplasma schwimmt der Nukleoid. Den kann man als Ersatz für einen Zellkern verstehen, da in ihm das Erbgut der Zelle angeordnet ist und der Zellkern ja bekanntermaßen fehlt. An der Oberfläche der Zelle lassen sich je nach Art des Bakteriums sogenannte Geißeln erkennen. Sie sehen aus wie kleine Ärmchen, die der Zelle bei der Fortbewegung helfen. Im Cytoplasma befinden sich außerdem Ribosomen. Das sind die

Zellbestandteile, die für die Eiweißsynthese verantwortlich sind und die Vermehrung der Zelle möglich machen.

Die Vermehrung der Zelle geschieht durch die klassische Zellteilung, wie jeder sie vermutlich schon mal im Fernsehen stark vergrößert beobachten konnte. Die Zelle verdoppelt zunächst ihr Erbgut. Dann schnürt sie die Hälfte der Zelle ab, sodass die eine Version des Erbguts in einer Hälfte verbleibt und sich die Kopie in der anderen Hälfte befindet. Wenn die Abschnürung abgeschlossen ist, leben beide Zellen eigenständig und abgetrennt voneinander weiter und können sich individuell weiter vermehren.

Um zu überleben brauchen Bakterien aber, im Gegensatz zu Viren, keinen Wirt, d.h. keinen „Gastgeber", der den Bakterienzellen seine Ressourcen zur Verfügung stellt, sondern sie sind allein lebensfähig.

Die Bakterien werden anhand ihres Aufbaus, der bereits weiter oben beschrieben wurde, unterschieden.

Die rundlichen Bakterien werden Kokken genannt, wie beispielsweise bei den Meningokokken. Wenn man die Begriffe aufspaltet und übersetzt, geben sie auch Aufschluss darüber, wo sie vorkommen oder welche Krankheiten sie auslösen. Meninx (die Mehrzahl lautet in diesem Fall Meningen) ist die Hirnhaut, die das Gehirn umschließt. Die Kokken sind, wie bereits beschrieben, rundliche Bakterien. Meningokokken sind also jene Bakterien, die für Krankheiten wie Meningitis, also Hirnhautentzündungen (die Endung -itis bedeutet Entzündung), verantwortlich sind.

Die stäbchenförmigen Bakterien werden unter anderem auch Bazillen genannt. Als Beispiel wäre hier das Bakterium Escherichia Coli (das ist Ihnen sicherlich als E.-coli bekannt) zu nennen. Dieses Bakterium löst meist Harnwegsinfektionen oder auch Durchfall aus.

Die Anzahl der unterschiedlichen Bakterien ist aber so groß und ihre Formen sind so vielfältig, dass eine genaue Auflistung den Platz eines jeden Buches sprengen würde. Später werden aber noch die wichtigsten beziehungsweise die bekanntesten Bakterien sowie ihre Eigenschaften aufgelistet.

Zunächst sollten wir uns aber noch anschauen, wo Bakterien eigentlich vorkommen. In diesem Fall haben Bakterien einige entscheidende Vorteile. Sie sind flexibel in ihren Eigenschaften. Sie können sich dadurch den jeweiligen Umweltbedingungen (beispielsweise Temperatur und Luftfeuchtigkeit) sehr gut anpassen. Sie haben außerdem unterschiedlichste Möglichkeiten, sich zu ernähren. Sie sind nicht auf einen Stoff angewiesen. Dadurch konnten Wissenschaftler sie fast überall auf unserem Planeten feststellen. Man geht davon aus, dass es weltweit 5 Billionen Trillionen Bakterien sind, also eine Fünf, auf die 30 Nullen folgen. Sie leben im Wasser, in der Luft, in der Erde und selbst unser Körper ist mit ihnen überzogen. Das ist für uns häufig sogar nützlich. So ist die Flora des Darms beispielsweise den Bakterien zu verdanken. Hier fressen gute Bakterienstämme diejenigen Bakterien, die uns schaden würden. Genauso verhält es sich mit der Vaginalflora, die zum Zweck hat, schädliche Bakterien abzutöten, bevor sie in die Harnwege gelangen können. Ähnliche Nutzen haben sie für Pflanzen und Tiere. Für Kühe sind Bakterien beispielsweise zum Zerkleinern der Nahrung sehr nützlich. Unter Bakterien gibt es auch solche mit extremen Lebensräumen. So gibt es Bakterien im Eis, kilometerweit unter der Erde, in heißen Quellen oder sogar an Orten mit hoher Radioaktivität.

Ihre Ernährungsmöglichkeiten sind ebenso variabel. Es gibt beispielsweise Bakterien, die Kohlenstoff, Stickstoff oder Schwefel umwandeln, aber auch solche, die Lichtenergie nutzen können. Die meisten Bakterien benötigen aber organische Substanzen. Während einige Bakterien von nur einem Stoff leben können, den sie umwandeln und für alle Prozesse der Zelle nutzbar machen können, brauchen andere Bakterien komplexere Nährstoffpakete. So benötigen zum Beispiel Milchsäurebakterien oder eine Reihe an Vitaminen.

Wo kommen Bakterien also in unserem Alltag vor und wie lange können sie dort überleben? Wie bereits beschrieben kommen Bakterien nahezu überall vor. Dies ist nicht schlimm, da nur 1% aller Bakterien den Menschen überhaupt krank machen. Vor denen sollten wir uns aber versuchen zu schützen. Aber dazu später mehr. Die Bakterien leben also beispielsweise auf Oberflächen (wie auf Schneidebrettern), in der Luft, im Staub, auf Lebensmitteln und an bzw. in unserem Körper. So leben allein in unserem Mund Milliarden an Bakterien. Aber auch auf der Haut oder im Darm bilden sie eine schützende Flora. Wie lange sie jeweils überleben können, kommt darauf an, ob sich die Lebensumstände wie die Temperatur verändern und ob sie an diesem Ort weiterhin die Nährstoffe finden können, die sie für den Stoffwechsel benötigen. Streptokokken beispielsweise können ungefähr 6 Monate auf trockenen und leblosen Flächen überleben. Streptokokken sind übrigens jene Bakterien, die in der Darm-, Haut- oder Vaginalflora zu finden sind und meist ungefährlich für den Menschen sind. Salmonellen hingegen, also jene Bakterien, die beispielsweise Lebensmittelinfektionen auslösen, konnten in einem Versuch, in dem eine Staubprobe regelmäßig mit Nährstoffen angereichert wurde, ganze vier Jahre überleben.

## BEISPIELE

Um ein noch umfassenderes Verständnis von Bakterien und ihrem Nutzen sowie Schaden für den Menschen zu erlangen, sollten wir uns die bekanntesten Bakterien etwas genauer anschauen. Ich möchte Ihnen zeigen, welchen Nutzen zum Beispiel die häufig genannten Milchsäurebakterien haben oder welcher Erreger hinter Tuberkulose steckt. Bei vielen Krankheiten wissen wir als Patienten nämlich gar nicht so richtig, ob wir mit einem Virus oder Bakterien zu kämpfen haben.

Beginnen wir aber mit den nützlichen Bakterien. Ich habe die **Milchsäurebakterien** schon genannt. Diese werden in der Lebensmittelindustrie unter anderem dafür verwendet, aus der Milch durch

Fermentierung dann Joghurt zu produzieren. Genau derselbe Prozess findet bei der Herstellung von Sauerkraut statt, den die genannten Bakterien aus Kohl produzieren. Dadurch sind diese Bakterien in unseren Nahrungsmitteln häufig zu finden. Sie werden aber auch im Darm nachgewiesen, wo sie dauerhaft leben. Warum sind diese Bakterien also gut für uns? Wissenschaftler haben herausfinden können, dass unsere Zellen Rezeptoren besitzen, die aktiviert werden, wenn Signale von Bakterien aus fermentierten Lebensmitteln auf sie treffen. Dieser Rezeptor sendet dann Signale an Fettzellen, um ihnen mitzuteilen, dass neue Energie durch Nahrung bereitsteht. Weitere Signale gehen an das Immunsystem, wodurch dieses weiter aktiviert wird. Die genauen Prozesse, die dabei ablaufen, werden noch erforscht. Wissenschaftler sind sich aber sicher, dass Milchsäurebakterien und ein erfolgreiches Immunsystem in Verbindung zueinanderstehen. Wissenschaftler fanden außerdem heraus, dass Bakterien, die in der Schwangerschaft um die Plazenta herum liegen, entscheidend sein können. Während manche Bakterien vom Kind abgestoßen werden und sich eine Entzündungsreaktion entwickelt, schützen Milchsäurebakterien das Ungeborene sogar!

Es gibt leider aber auch zahlreiche Beispiele für schädliche Bakterien beziehungsweise die bekannten Krankheiten, die durch sie ausgelöst werden.

**Keuchhusten** ist solch ein bekanntes Beispiel für eine Krankheit, die durch Bakterien entsteht. Die Bakterien sind, wenn sie in unseren Körper gelangen, in der Lage, Giftstoffe zu produzieren. Diese richten großen Schaden an den Schleimhäuten an, die sich in unseren Luftwegen befinden. Da Kinder in den meisten Fällen glücklicherweise gegen Keuchhusten geimpft sind, ist die Krankheit für sie nicht gefährlich. Problematisch wird es erst, wenn bei Jugendlichen oder Erwachsenen der Schutz nicht mehr ausreicht, denn dann können sie daran erkranken. Nach einer Impfung ist man ungefähr 3,5 bis 12 Jahre lang geschützt. Diese sollte also regelmäßig aufgefrischt werden. Auch nach einer überstandenen Erkrankung mit dem Erreger ist man unglücklicherweise nicht immun, sondern man kann wieder erkranken. Der Schutz hält hier ungefähr sieben bis 20 Jahre an.

Auch die **Legionellen** könnten Ihnen bereits ein Begriff sein. Dies sind Bakterien, die sich im Grundwasser, aber auch in Seen, Meeren und weiteren Gewässern befinden. Das Vorkommen dieser Bakterien ist natürlich, solange sich die Anzahl der Bakterien auf niedrige Zahlen beschränkt. Kommt es aber beispielsweise im Wasserrohrsystem zu einem Wasserstand und herrscht zusätzlich eine Temperatur zwischen 25 und 45 Grad, können sie sich gut vermehren. Das Trinken des Wassers ist für uns kein Problem, solange wir uns nicht verschlucken und das Wasser in die Atemwege gelangt. Was zu einer Übertragung auf den Menschen führen kann, ist Wassernebel, wie er bei Whirlpools oder Duschen vorkommt. Von Mensch zu Mensch werden diese Bakterien aber glücklicherweise nicht übertragen. Die Erreger lösen meist, wenn sie den Menschen besiedeln, eines von zwei Krankheitsbildern aus. Entweder es kommt zu einer Form der Lungenentzündung, der Legionellen-Pneumonie, oder der Erkrankte leidet unter Fieber, Unwohlsein sowie Kopf- und Gliederschmerzen. Diese Krankheit wird als Pontiac-Fieber bezeichnet. Zum Schutz vor einer Übertragung führen Gesundheitsämter regelmäßig Überprüfungen der Wasserwerte in Schwimmbädern und Badestellen durch.

Die **Meningokokken** habe ich bereits erwähnt. Diese lösen eine Hirnhautentzündung aus, die unter Umständen lebensbedrohlich werden kann. Es kann aber auch einer Sepsis kommen, also einer Blutstrominfektion. Wichtig ist es, auch bei einem Verdacht einer Hirnhautentzündung sofort ins Krankenhaus zu fahren, da die Krankheit innerhalb von Stunden fortschreitet. Sie erkennen eine mögliche Hirnhautentzündung an Kopfschmerzen, Fieber, einer hohen Lichtempfindlichkeit und Benommenheit, die sich möglicherweise durch Schläfrigkeit zeigt. Auch kommt es typischerweise zu Nackensteifigkeit, die oft mit morgendlichem Erbrechen einhergeht. Wenn Sie einen schweren Fall der Meningokokken- Infektion haben, sieht man auf der Haut punktförmige Einblutungen, da es zur Gerinnungsstörung kommen kann.

Auch die **multiresistenten gramnegativen Keime** werden häufig genannt. Dieser Begriff fasst eine ganze Gruppe an unterschiedlichen Bakterien zusammen, die gegen eine große Anzahl an Antibiotika resistent sind, also durch diese nicht abgetötet werden. Diese Bakterien befinden sich je nach Gruppe in den Mägen und Därmen von Tieren oder Menschen oder auch auf der Haut. Sie werden aber auch - jedoch seltener – im Analbereich, im Nasen-Rachen-Raum oder gar auf rohen Lebensmitteln gefunden. Vor allem sind sie aber dort zu finden, wo besonders viele Antibiotika verwendet werden. Aber auch 5% der gesunden Bevölkerung tragen diese Bakterien ohne weitere Auswirkungen auf ihre Gesundheit in sich. Problematisch wird dies erst, wenn die Bakterien in Wunden oder in das Blut gelangen können. Durch die genannte Resistenz sind sie schwieriger zu behandeln, was eine Langwierigkeit der Erkrankung mit sich zieht. Aber auch die Sterblichkeit kann dadurch erhöht sein. Bei einer Infektion unterscheiden sich die Krankheitszeichen je nach betroffener Stelle im Körper. Es kann zu Fieber, Entzündungen der Harn- oder Atemwege oder Infektionen von Wunden kommen.

Eine weitere Gruppe der Bakterien, die eigentlich nützlich sind, aber schädlich werden können, sind die **MRSA** (Methicillin-resistenter Staphylococcus aureus). Sie kommen auf der Haut und auf Schleimhäuten von gesunden Menschen vor. Problematisch wird es, wenn sie über Schleimhäute oder Wunden in den Körper gelangen und zusätzlich gegen Antibiotika resistent werden. Die Bakterien kommen in Krankenhäusern vor, da hier besonders viele Antibiotika eingesetzt werden und Bakterien wandlungsfähig sind. In den letzten Jahren ist die Zahl der Infektionen mit diesem Erreger aber gesunken. Bei einer Infektion bestehen Krankheitsanzeichen wie eitrige Entzündungen der Haut sowie Geschwüre, Infektionen von Wunden, hier vor allem nach Operationen, und Entzündungen von einzelnen Organen wie den harnleitenden Organen, der Lunge oder sogar einer Blutstrominfektion.

Die **Salmonellen** wurden ebenfalls schon aufgegriffen. Zur Vollständigkeit werden sie an dieser Stelle aber auch noch einmal erklärt. Salmonellen sind Bakterien, die in erster Linie auf und in Lebensmitteln gefunden werden können. Hier sind neben pflanzlichen Lebensmitteln wie Salaten vor allem rohes Fleisch, Speiseeis, rohe Eier, Mayonnaise oder roher Teig zu nennen. Sie können aber auch von Mensch zu Mensch übertragen werden. Eine Salmonellen-Erkrankung erkennt man an plötzlichem Durchfall, Erbrechen, Unwohlsein und Kopf- sowie Bauchschmerzen.

**Borreliose** wird zwar durch Zecken übertragen, aber dennoch durch Bakterien ausgelöst. Sie wird auch Lyme-Krankheit genannt. Die Symptome und der Schweregrad des Verlaufs können stark variieren. Meist ist die Haut betroffen, es kann aber auch auf das Nervensystem, das Herz oder Gelenke übergehen. Andere bemerken die Krankheit aufgrund fehlender Symptome gar nicht. Ein Symptom kann in den meisten Fällen eine ringförmige Rötung der Haut um die Einstichstelle herum sein. Auch an anderen Körperstellen wie an den Beinen oder am Kopf kann diese Rötung auftreten. Es kann außerdem zu Fieber, Schmerzen der Gelenke und der Muskeln kommen. Seltener entzündet sich die Haut chronisch, d.h. sie färbt sich in den Innenseiten der Extremitäten sowie Fingern und Zehen bläulich und wird sehr dünn. In 3% der Fälle ist das Nervensystem betroffen, welches mit brennenden Schmerzen der Nerven, ein- oder beidseitige Gesichtslähmung sowie Störungen des Seh- oder Hörsinns einhergehen kann. Die Gelenkentzündungen, die ebenfalls selten vorkommen, betreffen meist die Knie. Aber auch Sprung- und Ellenbogengelenke können betroffen sein. Außerdem kann sich das Herz entzünden oder es kann zu Rhythmusstörungen kommen. Übertragen wird Borreliose nicht von Mensch zu Mensch. Nur Zecken gelten als Überträger. Zu diesen Parasiten können Sie mehr im gleichnamigen Kapitel lesen.

Eine der häufigsten Kinderkrankheiten, die durch Bakterien ausgelöst wird, ist **Scharlach.** Scharlach ist hoch ansteckend und löst Halsentzündungen und Hautausschlag aus. Wenn man die Krankheit jedoch einmal durchgestanden hat, ist man von den Giftstoffen, die dieses Bakterium gebildet hat, geschützt. Bakterien sind aber wie gesagt wandlungsfähig und damit in der Lage, unterschiedliche Giftstoffe zu produzieren. Dadurch kann man mehrere Male an Scharlach erkranken. Ein typisches Krankheitszeichen von Scharlach ist die Färbung der Zunge. In den ersten Tagen ist die Zunge weiß belegt. Nach einigen Tagen ändert sie jedoch ihre Farbe und wird rötlich. Hier spricht man auch von einer „Himbeerzunge".

Auch hinter **Tuberkulose** stecken Bakterien. Hier wird in den meisten Fällen die Lunge besiedelt, was zu Husten, Fieber, Abgeschlagenheit oder sogar Schmerzen beim Atmen führen kann. In selteneren Fällen werden auch andere Organe wie beispielsweise Nieren oder Lymphknoten befallen. Durch die verbesserten Lebensumstände und wirksame Therapien in Deutschland gingen die Krankheitsfälle in den letzten Jahren jedoch stetig zurück. Seit 2015 stiegen die Fälle jedoch wieder leicht an, was auf die gesteigerte Migration sowie das stetige Altern der Gesellschaft zurückzuführen ist. Auch Tuberkulose-Bakterien haben sich weltweit unterschiedlich entwickelt und zeigen unterschiedliche Resistenzen gegenüber Antibiotika.

# Viren

## WAS SIND VIREN?

Viren sind durch ihre speziellen Eigenschaften etwas ganz Besonderes. Sie sind für sich gesehen nämlich gar keine Lebewesen, sondern werden nur als „dem Leben nahe“ Strukturen bezeichnet, die dennoch organisch sind.

Viren werden als „intrazelluläre Parasiten“ bezeichnet. Dies ist ein erst mal kompliziert klingender Begriff, den Sie wahrscheinlich schon häufig im Zusammenhang mit Viren gehört haben. „Intra“ bedeutet aber nichts anderes als „innen liegend“ und „zellulär“ bedeutet „die Zelle betreffend“. Der Begriff „intrazellulär“ heißt also so viel wie „innerhalb einer Zelle lebend“. Und hier treffen wir schon auf einen Unterschied zwischen Bakterien und Viren. Und zwar sind Viren für sich allein überhaupt nicht überlebensfähig, sondern sie benötigen einen Wirt. Einen Wirt können Sie sich wie den Wirt in einer Gaststätte vorstellen. Es ist sozusagen ein Gastgeber, der seine Räumlichkeiten (oder auf den Virus bezogen seine Zellen) für einen Gast (in diesem Fall für den Virus) zu Verfügung stellt. Ein Wirt kann ein Mensch sein, aber auch Tiere können von Viren befallen werden.

Ohne diesen Wirt sind sie nur begrenzt lebensfähig. Wie lange die Viren ohne Wirt jeweils noch überleben, unterscheidet sich je nach Art des Virus. Ein Grippevirus beispielsweise kann zwei Tage auf trockenen, leblosen Flächen überleben. Der Noro- oder Rhinovirus hingegen übersteht schon sieben Tage und der Rotavirus sogar bis zu ganzen acht Wochen!

Die Viren dringen also in die Zellen des Wirtes ein und vermehren sich dort. Diese „Übernahme“ findet in 6 Schritten statt. Diese Schritte werden wir uns im Kapitel „Infektionszyklus“ genauer anschauen.

Zunächst müssen wir erst einmal mehr über Viren an sich lernen und klären, was Viren überhaupt sind. Es ist ganz wichtig, zu verstehen, dass Viren keine Lebewesen sind. Sie sind Parasiten. Innerhalb der Virenart wurden bereits sehr große Unterschiede festgestellt, was die Größe und Komplexität ihrer Struktur, aber auch ihre Form und Genomkapazität (also das Erbgut eines Virus) betrifft. Die kleinsten, bisher entdeckten Viren sind die sogenannten Circo-Viren und die Parvo-Viren, die nur einen Durchmesser von ungefähr 20 Nanometern haben. Die Pandora-Viren sind die größten bisher entdeckten Viren. Sie sind ungefähr 50-mal größer als die Circo-Viren und besitzen also einen Durchmesser von nahezu einem Mikrometer. Damit sind sie aber immer noch kleiner als das kleinste Bakterium.

Nun folgt eine kurze, denn leider komplizierte Erklärung zum Aufbau von Viren. Nicht nur bei den Größenverhältnissen der verschiedenen Viren gibt es bedeutsame Unterschiede. Auch der Aufbau der Viren unterscheidet sich enorm. Vereinfacht formuliert bestehen Viren aus Nukleinsäure und Protein, manche Viren weisen auch Lipid auf. Die Nukleinsäure enthalt alle Informationen über das Erbgut. Sie muss also weitertransportiert werden, damit sie kopiert werden kann und sich das Virus vermehrt. Dazu werden Proteine und Lipide eingesetzt, die die Nukleinsäure schützen und zur nächsten Zelle des Wirtes transportieren. Die infizierte Zelle wird dann so manipuliert, dass sie selbstständig Nachkommen des Virus bildet.

Das Genom der unterschiedlichen Viren variiert stark. Die zuvor genannten kleinsten Viren, die Circo-Viren, besitzen nur eine einzelsträngige DNA, die aus 2000 Basen besteht und kodiert 2 bis 4 Proteine. Die Pandora-Viren wiederum besitzen eine doppelsträngige DNA, die 2.500.000 Basenpaare aufweist und dementsprechend 2500 Proteine kodiert.

Wo die Viren eigentlich herkommen oder wie sie entstanden sind, ist unklar. Es kursieren drei unterschiedliche Theorien hierzu. Die erste Theorie besagt, dass Viren aus den Vorfahren der zellulären Organismen abstammen. Die zweite Theorie beschreibt die Weiterentwicklung von Einzelteilen der Zellen zu Viren und in der dritten Theorie geht man davon aus, dass sich intrazelluläre Mikroorganismen zu Viren entwickelt haben könnten. Wissenschaftler gehen aber davon aus, dass es Viren gab, bevor Menschen existierten und damit den Menschen von Beginn an begleiteten.

## DER INFEKTIONSZYKLUS

Viren können sich nicht von selbst vermehren – das haben wir ja bereits erfahren. Sie benötigen lebende Zellen, in die sie eindringen und von deren Ressourcen sie leben können. Diese Übernahme findet immer nach einem bestimmten Schema statt. Diese sechs Schritte werden Infektionszyklus genannt.

Der Infektionszyklus beginnt mit dem „Attachment und Zelleintritt". Eine Zelle ist, wie Sie vielleicht noch aus dem Biologie-Unterricht wissen, von einer Membran umgeben, die zum einen die Zelle zusammenhält, zum anderen aber auch vor dem Eindringen externer Substanzen schützt. So haben es Viren nicht leicht, in eine Wirtszelle einzudringen. In dieser Membran befinden sich Proteine, deren Aufgabe es ist, Signale (wie Hormone) oder Stoffe (wie Ionen) von außen in das Innere der Zelle weiterzuleiten. Der Virus muss genau auf einen solchen Rezeptor stoßen, um in die Zelle eindringen zu können. Die Wahrscheinlichkeit zum Erfolg ist hier logischerweise größer, wenn die Anzahl der Viren höher ist. Die Aufnahme des Virus geschieht letztlich entweder durch Endozytose oder durch Fusion. Das Virus besitzt selbst eine Membran, die mit der Wirtszellmembran fusionieren, also verschmelzen, kann. Das Innere der Viruszelle wird dann zum Zellkern weitergeleitet. Eine Endozytose ist grob formuliert die Einstülpung der Strukturen außerhalb der Zelle in eine eigene membranumschlossene Organelle, die ebenfalls zum Zellkern befördert wird. Währenddessen verschmelzen die Membranen des

Virus und der Endosomen, wodurch das Innere des Virus freigesetzt wird. Als zweiter Schritt geschieht dann das Uncoating, also das Auflösen der Struktur des Virus, wodurch die Nukleinsäure freigesetzt wird. Der Virus lässt dann in den nächsten Schritten sein Genom durch komplexe Vorgänge in den Zellkern, wo die DNA repliziert wird und transkribiert wird. Die Assembly ist ein weiterer Schritt in diesem Zyklus. Da die Einzelteile eines Virus häufig in unterschiedlichen Teilen der Zelle produziert werden, müssen sie wieder in den Zellkern gebracht und hier zusammengebaut werden, um den letztendlichen Zellaustritt vorzubereiten. Unter anderem durch Fusion können die neu produzierten Viren nun die Zellmembran überwinden und den Infektionszyklus von Neuem beginnen. Dieser Zyklus ist sehr komplex und unterscheidet sich von Virus zu Virus. Daher wurden hier einige Schritte nur grob formuliert.

## BEISPIELE

Auch bei den Viren sollten wir uns die bekanntesten Vertreter und vor allem deren Krankheiten genauer anschauen, denn dies kann ein wichtiges Wissen für unseren Alltag sein.

Die wohl bekannteste Viruserkrankung ist die sogenannte **echte Grippe**. Diese wird durch den Influenza-Virus ausgelöst und hat leider jährlich mehrere hundert bis hin zu 20.000 Tote zu verzeichnen. Es ist eine Erkrankung der Atemwege, bei der die Erkrankten Husten, Fieber und Halsschmerzen beklagen, aber auch Gliederschmerzen, Rücken- und Kopfschmerzen treten häufig auf. In der kalten Jahreszeit kommt es häufig auch in Deutschland zu Grippewellen, in denen die Zahlen der Erkrankten stark ansteigen. Da der Virus sehr wandlungsfähig ist, ist es möglich, mehrmals an der echten Grippe zu erkranken und wegen der Wandlungsfähigkeit werden die Impfstoffe auch regelmäßig dem Virus angepasst.

**Masern** werden ebenfalls durch Viren ausgelöst. Durch die besondere Schwere der Krankheit ist hier besonders zu einer Impfung zu raten. Ungeschützte Personen sind bei Masern gefährdet, da die Krankheit hoch ansteckend ist und es häufig zu Komplikationen im Krankheitsverlauf kommt. Zunächst treten Husten, Schnupfen und ein hohes Fieber auf. Nach ein paar Tagen kommt es dann zu dem charakteristischen Hautausschlag, der hinter den Ohren beginnt und sich über das Gesicht und den ganzen Körper ausbreitet. Die Komplikationen entstehen, da das Immunsystem durch die Masern geschwächt wird. Kommen dann andere Erreger hinzu, kann der Körper sich nicht mehr so effektiv wehren, wie im gesunden Zustand. Hat man die Krankheit jedoch einmal erfolgreich durchgestanden, ist man für den Rest des Lebens davor geschützt.

Im Zuge mit Masern wird auch häufig **Mumps** genannt. Auch hier handelt es sich um eine Krankheit, die durch Viren ausgelöst wird. Hier sind die Ohrspeicheldrüsen des Menschen betroffen, die sich entzünden und anschwellen. Zusätzlich kommen Kopf- und Gliederschmerzen sowie Fieber hinzu. Bei Kindern ähnelt die Krankheit häufig eher einer Erkältung. Die Gefahr besteht daher vor allem dann, wenn man sich im Erwachsenenalter ansteckt, da es hier häufig zu schweren Verläufen und Komplikationen wie beispielsweise einer Hirnhautentzündung kommen kann. Auch das Risiko, Spätschäden zu erleiden, steigt mit zunehmendem Alter. Hier sind häufig bleibende Hörschäden oder Taubheit die Folge. Kommt es im Verlauf zu einer Hodenentzündung bei den männlichen Erkrankten, kann dies im schlimmsten Fall zu einer Unfruchtbarkeit führen. Bei Frauen können sich die Brustdrüsen und Eierstöcke entzünden.

Auch **Röteln** sind eine Viruserkrankung. Bei Kindern kommt es nur bei ungefähr der Hälfte der Betroffenen überhaupt zu Krankheitsanzeichen. Die andere Hälfte entwickelt den charakteristischen Hautausschlag. Erkrankte Kinder sind also nicht gefährdet. Bei Erwachsenen kommt es häufiger zu schweren Verläufen und Komplikationen. Zu diesen zählen beispielsweise Bronchitis, schmerzenden Gelenke (vor allem bei jungen Frauen) und seltener kommt es zu Hirnhautentzündungen oder Herzbeutelentzündungen. Für schwangere Frauen bildet die Krankheit ein sehr hohes Risiko, da das ungeborene Kind schwere Schäden nehmen oder sogar sterben kann. Daher gehört diese Krankheit auch zu denen, gegen die man sich impfen lassen sollte.

**Windpocken** gehören zu den klassischen Kinderkrankheiten, da sie so hoch ansteckend sind. Sie führen zu Fieber und juckendem Ausschlag auf der Haut und stellen bei Kindern keine Gefahr dar. Ist die Krankheit überstanden, trägt man die Viren weiterhin im Körper. Diese sind dann aber nicht mehr ansteckend, sondern schlummern sozusagen. Es kann im Erwachsenenalter dazu kommen, dass die Viren eine Gürtelrose auslösen. Hier kommt es wieder zu einem Hautausschlag, der stark schmerzen kann. Die Gürtelrose ist jedoch nicht ansteckend. Gefährlich kann es sein, wenn Menschen nicht geimpft sind und sich im Kindesalter nicht mit Windpocken angesteckt haben. Denn so besteht im Erwachsenenalter kein Schutz und es kann mitunter zu schweren Krankheitsverläufen, in vielen Fällen beispielsweise Lungenentzündungen, kommen. Auch während der Schwangerschaft sind die Windpocken gefährlich. Das ungeborene Kind kann schon im frühen Stadium der Schwangerschaft Schäden an den Augen oder Nerven nehmen und es kann sogar zu Fehlbildungen kommen. Kurz vor der Geburt werden die Windpocken noch gefährlicher, da sie in diesem Stadium der Schwangerschaft bei einem Drittel der Kinder zum Tod führen.

Das nächste wichtige Beispiel ist der **Norovirus**. Dieser führt vor allem zu Erkrankungen des Magen-Darm-Traktes. Der Erkrankte erbricht sich und leidet gleichzeitig unter Durchfall. Die Ausscheidungen weisen eine hohe Anzahl an Viren auf, die hochansteckend sind. Dadurch kommt es häufiger in Einrichtungen wie Kindergärten, Altenheimen oder

Schulen zu Norovirus-Wellen. Auch leichtes Fieber sowie Kopf- und Gliederschmerzen können auftreten.

Vermutlich haben Sie auch schon einmal von den **Rotaviren** gehört. Diese sind in den meisten Fällen die Auslöser für Magen-Darm-Erkrankungen im Kleinkindalter. Die meisten Menschen hatten diese Erkrankung als Kleinkind, da die Erreger hoch ansteckend sind. Der Schutz, der dabei entsteht, hält leider nicht das ganze Leben lang an, weshalb es möglich ist, mehrmals im Leben daran zu erkranken. Da die Symptome wie Erbrechen oder wässriger Durchfall zwei bis sechs Tage anhalten, verliert der Betroffene viel Flüssigkeit. Wenn diese durch Trinken nicht ausgeglichen werden kann, sind Schwindel und Kreislaufprobleme die Folge. Mitunter kann die Dehydration auch lebensgefährlich werden.

**Ringelröteln** sind nicht mit den Röteln zu verwechseln. Sie verursachen zwar ebenfalls einen Hautausschlag, der Erreger ist aber ein anderer. Wenn man einmal erkrankt ist, hält der Schutz ein Leben lang an. Während es bei den meisten Betroffenen nur zu einen leichten, meist unbemerkten Verlauf kommt, ist eine Erkrankung für Schwangere schwerwiegender. Der Virus kann nämlich auf das Ungeborene übertragen werden, was zum Tod des Kindes führen kann, da die natürliche Blutbildung durch das Virus verhindert wird.

Die **MERS-Coronaviren** sind Erreger, die eine Atemwegsinfektion verursachen. MERS steht hierbei für „Middle East Respiratory Syndrome“. Der Name entstand, weil Fälle in erster Linie auf der Arabischen Halbinsel und vermehrt in Saudi-Arabien auftraten. Bei vielen Betroffenen war ein vorheriger Kontakt zu Dromedaren nachzuweisen. Der Erreger wurde dann aber auch von Mensch zu Mensch übertragen. Die Erkrankung an sich verläuft von Fall zu Fall sehr unterschiedlich. Die Atemwegserkrankungen wiesen bei den Patienten sehr unterschiedliche Intensitäten auf. Manche Patienten bemerkten die Erkrankung kaum, andere hingegen hatten sehr schwere Grippesymptome und es kam zu Komplikationen, bei denen die Lungen entzündet waren, die Nieren versagten und Patienten starben. Eine besondere Vorsicht ist also geboten, wenn man eine Reise in eins der betroffenen Länder auf der Arabischen Halbinsel plant.

Eine weltweit vorkommende Erkrankung, die durch einen Virus ausgelöst wird, ist die **Hand-Fuß-Mund-Krankheit**. Hier kommt es zu Ausschlag im Mund, an den Handinnenflächen und an den Fußsohlen des Betroffenen. Bei ungefähr 80% der Virusträger kommt es zu keinen Symptomen. Der Virus wird von diesen Personen aber dennoch übertragen. Bei den Betroffenen, bei denen auch Symptome auftreten, kann es in wenigen Fällen auch zu Rötungen des Genitalbereichs, dem Gesäß, den Knien und den Ellenbogen kommen. Lebensbedrohlich ist der Virus aber nicht. In sehr seltenen Fällen kommt es zu Komplikationen, die eine Hirnhautentzündung verursachen können.

Die **Hantaviren** sind Erreger, die in erster Linie durch Nagetiere übertragen werden. Diese Viren kommen weltweit vor und lösen Krankheiten in unterschiedlichen Schweregraden hervor. Wissenschaftler vermuten, dass die Anzahl der Krankheitsfälle mit der Anzahl der Nagetiere einhergeht. In Deutschland ist die Rötelmaus der hauptsächliche Überträger. Von Mensch zu Mensch wird dieses Virus nicht übertragen. Ist eine Person jedoch infiziert, variiert die Schwere der Krankheitsform stark. Bei einer leichten Infektion ist es möglich, dass gar keine Symptome auftreten. In schweren Fällen beginnt die Infektion mit plötzlichem Fieber, gefolgt von Grippesymptomen wie Kopf- und Gliederschmerzen. Danach kann es dann zu Durchfall und Erbrechen kommen. Auch Lichtempfindlichkeit und eingeschränkte Nierenfunktion sind bekannte Krankheitsanzeichen. Todesfälle sind sehr selten. Für Sie bedeutet dies besondere Vorsicht, wenn Sie im Garten arbeiten, Holz schlagen, zelten oder sich in Gebäuden wie Schuppen oder Ställen aufhalten, in denen Ratten oder Mäuse gelebt haben. Die Viren werden eingeatmet.

beispielsweise durch aufgewirbelten Staub. Ein direkter Kontakt zu den Nagetieren ist also gar nicht nötig, um sich anzustecken. Sie scheiden die Erreger im Kot, Urin oder Speichel aus. Diese Erreger sind selbst im getrockneten Zustand noch zwei Tage aktiv. Daher ist es wichtig, Nagerbefall sofort zu bekämpfen und bei jeglichem Kontakt einen Mundschutz (bestenfalls FFP3-Masken) und Einmalhandschuhe zu tragen. Kadaver oder Kot sollten zunächst befeuchtet werden, um das Aufwirbeln von Staub zu verringern. Vom Einsatz eines Staubsaugers ist abzuraten, da dies die Aufwirbelung verstärkt.

Auch bei der **FSME**, der Frühsommer-Meningoenzephalitis, handelt es sich um eine Krankheit, dessen Erreger sich in Mäusen vermehrt. Die Übertragung findet dann aber nicht über die Mäuse selbst statt, sondern meist über Zecken. In Deutschland sind einige Gebiete schwerer betroffen als andere. Zu den Risikogebieten zählen hier unter anderem Bayern, Baden-Württemberg und Südhessen. Bei Ausbruch der Krankheit kommt es zu einer Entzündung des Gehirns und der Hirnhäute. Glücklicherweise bleiben aber 70 – 95% der Infizierten komplett beschwerdefrei oder es bleibt bei Erkältungssymptomen wie Fieber und Gliederschmerzen. Nur bei wenigen Fällen kommt es noch zur zweiten Phase der Krankheit, die, wie bereits beschrieben, durch eine Hirnhautentzündung oder gar eine Rückenmarksentzündung gekennzeichnet ist.

Das **Ebola-Fieber** gewann 2014 durch einen besonders schweren Ausbruch im Westen Afrikas an Bekanntheit. Die Übertragung begann wohl durch das Verzehren von rohem Fleisch von Wildtieren. Menschenaffen und Fledertiere trugen das Virus vermehrt in sich. Bei Ausbruch der Krankheit wurde der Erreger dann von Mensch zu Mensch übertragen. Die Krankheitssymptome sind Fieber und innere sowie äußere Blutungen. In 30 – 90% der Fälle endet die Krankheit im Tod des Patienten. Das ist es, was die Erreger so gefährlich macht. Die Übertragung ist besonders in Westafrika wahrscheinlich. Symptomfreie Personen sind vermutlich keine Überträger. Bei Infizierten sollte man den Kontakt zu Körperflüssigkeiten wie Schweiß, Blut oder Erbrochenem vermeiden. Dies macht die Krankheit beispielsweise für Gesundheitspersonal sehr gefährlich. Aber auch Bestatter haben ein großes Risiko, daran zu erkranken, da das Virus auch in Verstorbenen noch infektiös ist. Jäger und Wilderer in Teilen Afrikas sind ebenfalls einem hohen Erkrankungsrisiko ausgesetzt. Wildtiere in Deutschland tragen das Virus nicht in sich.

**Adenoviren** lösen in erster Linie Infektionen am Auge aus. Es treten bei einer Erkrankung aber auch Beschwerden der Atemwege oder des Magen-Darm-Trakts auf. In meisten Fällen schwillt die Augenbindehaut an und die Patienten berichten von einem Gefühl, als ob ein Fremdkörper in ihrem Auge sei. Manchmal entzündet sich im Verlauf der Krankheit auch die Hornhaut des Auges. Das Auge ist gerötet, juckt und tränt. Durch das Verlangen, das entzündete Auge zu berühren, werden die Erreger meist über die Hand übertragen. Aber auch Gegenstände, die nach Berührung des Auges angefasst wurden, sind als Überträger nicht auszuschließen. Die Erkrankung tritt in allen Altersstufen auf und dauert meist zwei Wochen an. Eine wirksame Therapie gibt es nicht. Es sind nur Medikamente bekannt, die die Beschwerden lindern können.

Den Viren, die zu Geschlechtskrankheiten führen, wird ein eigenes Kapitel gewidmet. Dazu lesen Sie bitte im Kapitel „Sexuell übertragbare Krankheiten“ weiter. In diesem werden unter anderem der Hi-Virus oder Herpesviren aufgegriffen.

Zuletzt möchte ich auf das **neuartige Coronavirus** eingehen. Zum Zeitpunkt, an dem dieses Buch verfasst wurde, sind nur wenige gesicherte Informationen über dieses Virus bekannt. Innerhalb weniger Wochen kam es Anfang des Jahres 2020 zu einer Pandemie. Was eine Pandemie genau ist, wird im Verlaufe dieses Buches erklärt. Bei Ansteckung mit dem Erreger kommt es in einigen Fällen (wie viele genau ist bisher unklar) zu gar keinen oder nur geringen Symptomen wie einer leichten

Erkältung. In schweren Fällen kommt es zur Atemnot oder Schmerzen beim Atmen. Aber auch eine Lungenentzündung oder sogar der Tod kann die Folge sein. Aufgrund der geringen Anzahl der gesicherten Informationen soll eine weitere Beschreibung des Virus hier ausbleiben. Wie bei allen anderen beschriebenen Erkrankungen sind den offiziellen Angaben von Gesundheitsämtern zu vertrauen und Sie sollten deren Empfehlungen zum Schutz vor einer Infektion befolgen.

# Diagnose von Infektionskrankheiten

Eine genaue Diagnose von Krankheiten ist immer besonders wichtig, um sicherzustellen, dass die daraus resultierende Therapie auch wirksam ist und nicht, wie im Falle einer falschen Diagnose, eventuell den Gesundheitszustand des Patienten verschlimmert.

Der erste Schritt beim Stellen einer Diagnose besteht also darin, auszuschließen, dass es sich eventuell um eine andere Krankheit handelt. Asthma beispielsweise kann ähnliche Symptome wie eine Infektionskrankheit haben, wird aber nicht durch Mikroorganismen ausgelöst. Ärzte beginnen zu diesem Zweck also mit einer ausführlichen Anamnese, bei der sie alle Symptome, von denen der Patient berichtet, in die Akte eintragen. In Verbindung mit einer körperlichen Untersuchung reicht dies meist schon aus, um einen anderen Krankheitsauslöser auszuschließen.

Ist sich der Arzt dann sicher, dass es sich um eine Infektionskrankheit handelt, muss er nun herausfinden, welcher Mikroorganismus genau die Krankheitsanzeichen auslöst. Denn nach der Art des Erregers unterscheidet sich die jeweilige Therapie. Ist der Patient an einer Lungenentzündung erkrankt, kann diese nicht nur durch Bakterien, sondern auch durch Viren oder sogar Pilze ausgelöst worden sein. Verschreibt man bei einem Befall mit Viren nun ein Medikament, das Bakterien abtötet, so kann sich der Gesundheitszustand nicht verbessern, sondern sich sogar noch verschlechtern.

Die Art der Mikroorganismen, die Auslöser für die Krankheit sind, wird daraufhin im Labor untersucht. Dafür benötigt der behandelnde Arzt eine Probe des Patienten. Das ist je nach Verdacht des Arztes und je nach befallender Körperregion entweder eine Blutprobe, eine Urin- oder

Stuhlprobe, eine Speichelprobe, der Abstrich einer Wunde und so weiter.

Nach der Entnahme einer Probe sind verschiedene Bedingungen einzuhalten, um das Ergebnis nicht zu verfälschen. So muss das Behältnis, in dem die Probe aufbewahrt wird, frei von anderen Keimen sein. Denn diese könnten nicht nur die Probe verunreinigen, sondern auch das Ergebnis verändern. Außerdem muss die Probe möglichst schnell ins Labor geliefert werden, um auch hier Veränderungen der Probe und damit des Ergebnisses durch eine zeitliche Verzögerung auszuschließen. Auch die Aufbewahrungsbedingungen, wie beispielsweise die Umgebungstemperatur, sind wichtig, damit die Probe nicht unbrauchbar wird. Zusätzlich kann auch der zeitliche Aspekt der Probenahme eine Rolle spielen. Soll zum Beispiel der erste Morgenurin untersucht werden, bestehen zeitliche Einschränkungen. Bei einer Blutprobe kann das Ergebnis besonders akkurat sein, wenn die Probe entnommen wurde, bevor ein Fieberschub einsetzt oder kurz nach diesem, da hier die Erregerzahl deutlicher erhöht sein kann.

Die jeweilige Probe wird zunächst meist eingefärbt und unter einem Mikroskop genauer betrachtet. Dadurch kann das Laborpersonal schon erste Schlussfolgerungen treffen, da man Viren unter einem Mikroskop aufgrund ihrer geringen Größe nicht erkennen kann, Bakterien und Pilze jedoch schon. Viren können jedoch Veränderungen an den körpereigenen Zellen hervorrufen, was eine Virusdiagnose unter dem Mikroskop möglich macht. Vorwiegend bei Pilzen und Bakterien ist es außerdem möglich, die Mikroorganismen zu kultivieren, d.h. diese also unter bestimmten Rahmenbedingungen heranzuzüchten. Viren werden meist durch Antikörpertests oder Antigentests nachgewiesen. Hier würde man also überprüfen, ob der menschliche Körper bereits spezifische Antikörper gebildet hat, um sich zu schützen, oder ob Antigene des Erregers die Reaktionen des Körpers ausgelöst haben. Eine mögliche Verklumpung von Zellen ist mit dem bloßen Auge sogar sichtbar.

Grundsätzlich sind mikroskopische Tests schneller, da die Ergebnisse hier meist innerhalb einer Stunde mitgeteilt werden können. Bei Kultivierung, also der Anzüchtung von Erregern dauert ein Ergebnis deutlich länger. Bei leicht zu züchtenden Erregern dauert es bis zu einem endgültigen Ergebnis meist bis zu zwei Tage. Tuberkuloseerreger oder Pilze wachsen langsam, wodurch eine Bestimmung sogar mehrere Wochen dauern kann. Die Proben können außerdem auch auf ihr genetisches Material hin untersucht werden, um so herauszufinden, welcher Erreger hier vermehrt vorliegt. Dies dauert ebenfalls nicht so lang, wie die Anzüchtung eines Keimes. Der Nachweis von Erbinformationen findet über eine Polymerase-Kettenreaktion statt. Die Abschnitte der Erbinformation, die DNA und RNA, werden hier vermehrt und dann mit einer Reihe an bereits bekannten Gensequenzen verglichen. Dies lässt Rückschlüsse auf den speziellen Erreger zu, wenn die Reihenfolge des Erregers mit dem eines bekannten Erregers übereinstimmt. Die Empfindlichkeit gegen Medikamente, beispielsweise Antibiotika, kann über diese Untersuchung allerdings nicht herausgefunden werden. Somit ist eine Anzüchtung in manchen Fällen trotzdem nötig.

Es ist auch möglich, verschiedene Tests aufeinanderfolgend durchzuführen. Die Reihenfolge und Art der Tests richten sich je nach Ergebnis des vorangegangenen Tests. Nach einer Reihe an Test hat der Arzt in den meisten Fällen ein verlässliches Ergebnis, um welchen Erreger es sich handelt. Sollte er diesen nicht bereits durchgeführt haben, so ist es dem Arzt noch möglich, sogenannte Empfindlichkeitstests durchzuführen, mit denen herausgefunden wird, welches Medikament beziehungsweise welcher Wirkstoff besonders wirksam gegen den jeweiligen Erreger ist.

Daraufhin folgt dann die Therapie, die im nächsten Kapitel erläutert wird.

# Behandlung von Viren und Bakterien

Wurde eine korrekte Diagnose durch den behandelnden Arzt gestellt, kann nun die Behandlung gegen die Erreger beginnen. Diese unterscheidet sich verständlicherweise je nach Art des Erregers.

Die Gruppe von Medikamenten, die sich gegen Viren richten, werden **Virostatika** genannt. Viren haben, wie zuvor bereits beschrieben, keinen eigenen Stoffwechsel, sondern befallen die Zellen im Körper des jeweiligen Patienten. Daher ist es eher schwierig, Viren mit Medikamenten abzutöten oder zu inaktivieren. Daher zielen die Medikamente darauf ab, die Vermehrung der Viren zu verhindern. Manche Virostatika stören schon den Prozess des Andockens an eine menschliche Zelle und damit das Eindringen, andere wiederum behindern das Kopieren und Zusammensetzen des Genmaterials oder der Hülle.

Von Virostatika gibt es im Vergleich zu den Medikamenten gegen Bakterien eine deutlich geringere Anzahl. Aber auch die Anwendung ist eher schwierig. Zum einen gibt es keine Virostatika, die gegen eine ganze Reihe an unterschiedlichen Viren wirken, sondern immer nur gegen einzelne wenige. Zum anderen schädigen die Virostatika häufig auch die menschlichen und damit guten Zellen, da die Viren sich in ihnen befinden und sich ihrer Bestandteile bedienen. Eine Ausnahme bietet hier die äußere Anwendung von Virostatika, beispielsweise wenn diese als Creme angewendet werden können. Dies ist zum Beispiel bei Lippenherpes der Fall, bei dessen Behandlung nur die Bläschen selbst eingerieben werden und die Behandlung damit örtlich begrenzt ist. Hier werden zum Beispiel Aciclovir, Famciclovir oder Valaciclovir verschrieben.

Ansonsten ist es die gängige Vorgehensweise, nur die Symptome der

Krankheit zu lindern und die Bekämpfung der Viren dem körpereigenen Immunsystem zu überlassen. Auf diese Weise werden die Zellen auch nicht durch Medikamente geschädigt.

Bei bakteriellen Infektionen, die der Körper selbst meist nur schwer aus eigener Kraft bekämpfen kann, werden **Antibiotika** verschrieben. Die Gruppe dieser Medikamente wirkt nur gegen Bakterien und nicht gegen Viren. Genauso ist es ja auch bei den Virostatika der Fall: Diese wirken nur gegen Viren und nicht gegen Bakterien.

Bei der Arzneigruppe der Antibiotika können unterschiedliche Unterteilungen vorgenommen werden. So unterscheidet man beispielsweise bakteriostatische Antibiotika und bakterizide Antibiotika. Die ersteren hemmen die Vermehrung der Bakterien, während die als zweites genannten die Bakterien tatsächlich abtöten. Außerdem gibt es auch eine Aufteilung zwischen Engspektrumantibiotika, die nur gegen einzelne wenige Bakterienarten wirken, und Breitspektrumantibiotika, die im Gegensatz dazu gegen eine ganze Reihe unterschiedlicher Bakterienarten wirksam sind.

Im Vergleich zu Virostatika werden menschliche Zellen bei der Einnahme von Antibiotika weniger geschädigt, da sich die menschlichen Zellen von denen der Bakterien unterscheiden. Der Unterschied liegt vor allem im Aufbau der Zellwand der Bakterien im Vergleich zum Aufbau der Zellmembran der menschlichen Zellen. Hier kann also gezielter angesetzt werden. Daher ist es sinnvoll, dass Antibiotika gezielt die Strukturen der Zellen angreifen und die Zelle damit abtöten. Manche Antibiotika verhindern auch nur, dass sich Bakterien vermehren können. Wie ich aber bereits in einem vorherigen Kapitel erklärt habe, sind Bakterien als eigenständige Zellen überlebensfähig und außerdem sehr wandlungsfähig, je nachdem, wie sich beispielsweise Umweltbedingungen verändern. Werden sie also regelmäßig mit demselben Antibiotikum angegriffen, können sie sich so anpassen, dass sie gegen die Wirkung dieses Arzneimittels resistent werden. Hier können sogenannte

Reserveantibiotika eingesetzt werden, die für den Einsatz bei Resistenzen oder schweren Infektionen entwickelt wurden. Ist ein Bakterium gegen eine ganze Reihe an Antibiotika unempfindlich, spricht in diesem Fall von einer Multiresistenz. Streptokokken, MRSA und Staphylokokken sind besonders häufig resistent, wodurch eine wirksame Therapie schwer umsetzbar sein kann.

Zu den wichtigsten Antibiotikagruppen, die auch schon zuvor erwähnt wurden, gehören die Penizilline. Diese sind sowohl als Engspektrumpenizilline verfügbar, die vor allem gegen Streptokokken, Pneumokokken und Meningokokken wirken, als auch als Breitspektrumpenizilline, die häufig bei Harnwegsinfekten, Bronchitis, Nasennebenhöhlenentzündungen oder Mittelohrentzündungen verschrieben werden. Penizilline wirken dem Aufbau der Zellwand des jeweiligen Bakteriums entgegen und sind im Allgemeinen sehr gut verträglich, sodass sie auch während einer Schwangerschaft eingenommen werden können. Die Penizillinallergie tritt bei 0,8% der Patienten auf, was als häufig eingestuft wird. Zu bemerken ist eine solche Allergie durch Auftreten eines Hautausschlags.

Tritt eine solche Allergie gegen Penizillin auf, wird meist eher auf die Gruppe der Cefalosporine zurückgegriffen. Sie haben eine ähnliche Wirkungsweise und sind ebenfalls gut verträglich.

Im Bereich der Magenschleimhautentzündungen oder bei Magengeschwüren, die durch Helicobacter-Bakterien ausgelöst wurden, werden häufig Makrolide verschrieben, die den Eiweißstoffwechsel der Bakterien stören. Ein Beispiel aus dem Bereich der Breitspektrumspräparate ist Azithromycin. Erythromycin wiederum zählt zu den Engspektrummakroliden, die auch bei Allergien gegen Penizillin des engen Spektrums eingesetzt werden.

Ebenfalls an dieser Stelle zu nennen sind die Gyrasehemmer. Sie werden häufig verschrieben, wenn bei dem Patienten eine Atemwegsinfektion oder eine Harnwegsinfektion festgestellt wurde. Sie verfügen über ein

breites Spektrum und greifen bei der Einnahme die Erbsubstanz der bakteriellen Zelle an, wodurch der Stoffwechsel gestört wird.
Bei Beschwerden wie Akne und seltener auch bei Atemwegsinfektionen können Tetrazycline eingesetzt werden. Doxycyclin ist ein Beispiel aus dieser Reihe der Antibiotika. Tetrazycline greifen ebenfalls wie Makrolide den Eiweißstoffwechsel der bakteriellen Zelle an.
Sulfonamide sind Antibiotika, die vergleichsweise lange auf dem Markt sind und daher weniger eingesetzt werden. Sie finden heute vor allem bei Blasenentzündungen und Infektionen mit Salmonellen Anwendung, wenn diese vergleichsweise unkompliziert sind.
Drei Antibiotika, die ambulant nicht verschrieben werden, sondern nur im Krankenhaus eingesetzt werden, wenn schwere Infektionen vorliegen, sind Aminoglykoside, Carbapeneme und Glykopeptide. Sie sollen lediglich der Vollständigkeit halber aufgeführt werden.

Die Anwendung unterscheidet sich je nach Fall. Bei Infektionen, die als eher leicht eingestuft werden, werden Antibiotika meist als Tablettenform verschrieben, während im Krankenhaus zunächst eine Infusion genutzt wird, die zu einem späteren Zeitpunkt durch die Tablettenform abgelöst werden kann. Bei dieser Vorgehensweise ist aber häufig eine Kombination von mehreren Antibiotika nötig.
Grundsätzlich gilt (wie bei allen Arzneimitteln, aber bei Antibiotika besonders), dass der Arzt den Wirkstoff des Antibiotikums, die Dosis, die Dauer der Anwendung und auch die Anwendung selbst entscheidet. An diese Vorgaben sollten Sie sich genau halten, da dies über den Erfolg der Therapie entscheiden kann. Dafür ist wichtig, dass Sie Ihren Arzt darüber aufklären, falls Sie weitere Medikamente einnehmen müssen, damit man hier Wechselwirkungen mit anderen Wirkstoffen ausschließen kann. Auch wenn Sie Allergien haben, die Einfluss auf die Wahl des Antibiotikums haben, oder wenn Sie schwanger sind bzw. stillen, sollten Sie dies unbedingt Ihrem behandelnden Arzt mitteilen.
Die genaue Dosierung und die Zeitabstände, die Sie zwischen den

Einnahmen einhalten sollten, werden Ihnen von Ihrem Arzt mitgeteilt. Diese sollten Sie zwingend einhalten, da diese Vorkehrungen den Sinn haben, den Wirkstoffspiegel in Ihrem Organismus gleichmäßig und hoch zu halten. Ob Sie die Tablette nun vor dem Essen, danach oder mit dem Essen einnehmen sollen, müssen Sie zusätzlich beachten. Ratsam ist es außerdem, nur Leitungswasser zur Einnahme zu trinken, da andere Getränke wie Milch den Wirkstoff beeinflussen können. Besprechen Sie dies ebenfalls mit Ihrem Arzt oder dem Apotheker, der Ihnen das Medikament aushändigt. Auch die Länge der Einnahme ist von hoher Wichtigkeit. Setzen Sie ein Antibiotikum zu frühzeitig und gegen den Rat des Arztes ab, kann es sein, dass eine eingedämmte Infektion wieder ausbricht, weil nicht alle Erreger unschädlich gemacht worden sind. Außerdem besteht dadurch das Risiko, dass das Bakterium eine Resistenz gegen das Antibiotikum entwickelt.
Sollte jemand die gleichen Krankheitsanzeichen gehabt haben, wie Sie sie jetzt haben und sollte diese Person Ihnen das übrige Antibiotikum anbieten, nehmen Sie es nicht an. Die gleichen Anzeichen können dennoch durch andere Bakterien ausgelöst worden sein und ohnehin ist die Begutachtung durch einen Arzt unbedingt erforderlich. Dieser muss von Fall zu Fall neu entscheiden, welches Medikament wie lange eingenommen werden sollte.

Wie zuvor beschrieben, ist die Einnahme anderer Medikamente bei der Auswahl des Antibiotikums eine wichtige Information für Ihren Arzt. Dies liegt daran, dass die Wirkungen anderer Medikamente verstärkt, abgeschwächt oder sogar aufgehoben werden können. Als Beispiel ist hier die Anti-Baby-Pille zu nennen, die unter Umständen durch Einnahme eines Antibiotikums wirkungslos werden kann oder zumindest die hohe Sicherheit nicht mehr gewährleistet wird. Medikamente, die blutverdünnend wirken, können hingegen in Ihrer Wirkung verstärkt werden. Aber auch das Antibiotikum kann durch andere Medikamente wirkungslos werden. Beispielsweise sind bestimmte Arzneimittel gegen erhöhte Fettwerte im Blut in der Lage, sich an andere Medikamente zu binden, wodurch das Antibiotikum in der Wirkung verringert werden kann.

Aber nicht nur Medikamente haben Einfluss auf das Antibiotikum. Auch bei Lebensmitteln und Genussmitteln kann dies der Fall sein. Der gleichzeitige Konsum von Alkohol in Verbindung mit einem Antibiotikum kann Nebenwirkungen wie Übelkeit, Erbrechen, Kopfschmerzen und sogar Herzrhythmusstörungen verursachen. Bei Konsum von Kaffee, Cola oder Tee kann es durch das Antibiotikum zu Herzrasen und Schlaflosigkeit kommen. Die Wirkung des Antibiotikums wiederum wird durch Milchprodukte beispielsweise zum Teil beeinträchtigt. Dies liegt daran, dass sich das Kalzium mit dem Antibiotikum verbindet und der menschliche Körper auf die Wirkstoffe dann nicht mehr gut genug zugreifen kann. Auch Nahrungsergänzungsmittel setzen die Wirkung von Antibiotika herunter, indem sie eine Verbindung mit dem Medikament eingehen. Bei solchen Fällen wird empfohlen, zwischen der Einnahme des Antibiotikums und des Nahrungsergänzungsmittels oder des Milchproduktes ungefähr zwei Stunden vergehen zu lassen. Aber auch hier hilft Ihnen der behandelnde Arzt oder der beratende Apotheker gerne weiter.

Auch ohne Wechselwirkungen mit anderen Medikamenten kann ein Antibiotikum Nebenwirkungen verursachen. Hier ist deshalb vor allem darauf zu achten, den vom Arzt vorgegebenen Zeitplan genaustens einzuhalten. Beim Antibiotikum ist problematisch, dass es tendenziell gegen alle Bakterien wirkt. Und damit sind auch die hilfreichen und als höchst wichtig eingestuften Darmbakterien in Gefahr, eliminiert zu werden. Aus diesem Grund wird häufig empfohlen, neben dem Antibiotikum auch Probiotikum einzunehmen. Dieses Pulver beherbergt eine ganze Reihe an guten Bakterien, die den Verlust von guten Bakterien im Darm durch das Antibiotikum wieder ausgleichen sollen. Ansonsten werden Antibiotika eher gut vertragen. Zu den bekannten Nebenwirkungen zählen vor allem Magen-Darm-Beschwerden. Hier wird häufig über Bauchschmerzen, Übelkeit oder sogar Durchfall geklagt. Durch den Verlust der guten Bakterien kann es außerdem manchmal dazu kommen, dass Schleimhäute mit Pilzen infiziert werden. Auch allergische Reaktionen, die sich durch Juckreiz oder Rötungen zeigen, sind bekannt. Grundsätzlich wird aber davon ausgegangen, dass sich die Art und die Häufigkeit von Nebenwirkungen danach richten, welches Antibiotikum verschrieben wurde und ob der Patient ansonsten gesund ist oder ob beispielsweise Begleiterkrankungen bestehen. Auch gleichzeitig eingenommene Medikamente spielen, wie bereits beschrieben, eine wichtige Rolle.

Bei Kindern sollte die Einnahme von Antibiotika nur unter besonderen Vorsichtsmaßnahmen erfolgen. Da ihr Organismus noch nicht voll entwickelt ist, können Antibiotika große Schäden anrichten. Man sieht also davon ab, die gleichen Antibiotika, die für Erwachsene geeignet sind, den Kindern einfach in geringerer Dosis zu verabreichen. Dies könnte dazu führen, dass Gelenkknorpel unwiderruflich geschädigt werden oder der Zahnschmelz defekt wird. Für Kinder greifen Ärzte deshalb auf ausgewählte Antibiotika zurück, die für Kinder sicher sind und sich bewährt haben. Es gibt beispielsweise Säfte, die den benötigten Wirkstoff enthalten. Hier ist es besonders wichtig, bei der Zubereitung die Packungsbeilage zu beachten und den Rat des Arztes zu befolgen. Wenn ein Messlöffel in der Verpackung beiliegt, sollte dieser unbedingt benutzt werden, damit keine Überdosierung oder Unterdosierung entsteht, wenn ein anderer Löffel mit anderen Abmaßen verwendet wird. Sie sollten Ihr Kind bei der Einnahme unterstützen und beobachten, ob auch die verordnete Menge runtergeschluckt wurde. Bei Erbrechen gilt, Rückfrage mit dem Arzt zu halten, da der Wirkstoff den Körper verlassen haben könnte.

# Exkurs: Epidemien, Endemien und Pandemien

In der Diskussion rund um Bakterien und Viren tauchen die Begriffe Epidemie, Endemie und Pandemie immer wieder auf. Deswegen sollen diese hier nun aufgegriffen, erklärt und abgegrenzt werden, damit Sie in Zukunft immer wissen, wovon die Wissenschaftler und Politiker eigentlich sprechen.

Auch hier kann man die einzelnen Wortteile auseinandernehmen und dadurch Rückschlüsse auf die Bedeutung der Worte ziehen. Der Begriff Epidemie setzt sich zusammen aus den Wörtern „epi" („auf" oder „darauf") und dem Wort „demos" („das Volk"). Zusammengesetzt bedeutet der Begriff „im Volk verbreitet". Eine Epidemie beschreibt die Anzahl an Fällen einer bestimmten, aufgetretenen Infektionskrankheit, die aber sowohl zeitlich als auch örtlich begrenzt ist. An dieser Stelle ist u.a. die Ebolafieber-Epidemie zu nennen, die örtlich beispielsweise auf die Demokratische Republik Kongo begrenzt ist. Die Reproduktionsrate einer Epidemie liegt hier über 1. Das bedeutet, dass die Anzahl der (Neu-)Infizierten zunimmt und der Anstieg exponentiell anwachsen kann.

Eine Endemie gibt es zwar eine räumliche, aber keine zeitliche Begrenzung der Infektionskrankheit. Das bedeutet, dass der zeitliche Beginn der Krankheit nicht immer bestimmt werden kann. Dies ist zum Beispiel bei den Windpocken, Scharlach oder Röteln der Fall. Bei Endemien unterscheidet man hyper-, meso- und hypo-endemische Verbreitungen.

„Hyper" bedeutet so viel wie „überstark". Daher spricht man bei einer hyper-endemischen Verbreitung von einer totalen Durchseuchung, bei der sogar Kleinkinder schon erkranken. Ältere Kinder und Erwachsene, die die Krankheit als Kleinkinder durchgemacht haben, sind immun. Im

Alter lässt die Immunität wieder nach, wodurch die Älteren wieder erkranken können.
„Meso" bedeutet „mäßig" oder „mittelstark". Da die bestimmte Infektionskrankheit nicht so häufig ist oder nicht so stark ansteckend ist, erkranken nicht alle Kleinkinder, sondern es kommt noch im jugendlichen oder erwachsenen Alter zur Erkrankung. Die Krankheiten pendeln, also treten in regelmäßigen Abständen mal stärker und dann mal wieder schwächer auf.
„Hypo" bedeutet „schwach" oder „niedrig". Die Durchseuchung der Bevölkerung besteht also nur in geringem Maße, wodurch das Pendeln der Krankheit in eine Epidemie umschlagen kann. Dies ist vor allem dann der Fall, wenn über einen langen Zeitraum die Bevölkerung geimpft wurde, die Impfungen dann aber aufgegeben werden. Dadurch kann es Jahrzehnte später zu einer starken Gefährdung der jungen Bevölkerung kommen.

Den Begriff „Pandemie" zu erklären, ist vergleichsweise leicht. Eine Pandemie beschreibt nämlich eine Epidemie, die allerdings räumlich unbegrenzt ist, sich also weltweit verbreitet. Der neuartige Coronavirus COVID-19 wurde beispielsweise zu Beginn als Epidemie bezeichnet, als er sich in Wuhan, China verbreitete. Im zeitlichen Verlauf wurden auch Infektionen mit dem Virus auf anderen Kontinenten festgestellt, wodurch der Begriff Epidemie in diesem Zusammenhang inkorrekt wurde und von da an der Begriff Pandemie verwendet werden musste.

Historisch betrachtet spielen Epidemien und Pandemien erst seit 10.000 Jahren eine größere Rolle, denn zuvor war die Erde noch nicht so stark bevölkert. Dadurch war einerseits die Anzahl an Menschen, die sich hätten infizieren können, nicht so groß. Und andererseits war auch die räumliche Nähe zwischen den Individuen nicht in dem heutigen Maße vorhanden. Hinzu kommt, dass die Gruppen bzw. Völker nur untereinander interagiert haben. Diese Trennung ist heutzutage durch das schnelle und häufige Reisen aufgehoben. Was passierte also, dass sich

Epidemien oder gar Pandemien entwickeln konnten? Wie schon erwähnt wuchs die Population der Menschen dauerhaft und stark an. Als die Landwirtschaft aufkam, wohnten Menschen außerdem in engerer Nähe zu ihrem Vieh. Dieses steckte sich untereinander in den Gehegen an, übertrug die Viren aber auch auf den Menschen. Außerdem wurde mehr und mehr Handel betrieben, was Menschen unterschiedlichster Völker miteinander verband und in Kontakt brachte. Durch diese Nähe untereinander, verbunden mit den niedrigen Hygienestandards der damaligen Zeit, konnten sich Erreger jeglicher Art schnell verbreiten und ein ganzes Volk oder gar die gesamte Weltbevölkerung infizieren.

# Exkurs: Pilze und Parasiten

## PARASITEN

Der Begriff „Parasit“ bedeutet aus dem griechischen übersetzt „ungeladen am Tisch des anderen speisen“. Und das beschreibt schon sehr gut, was einen Parasiten eigentlich ausmacht. Er lebt vom lebenden Gewebe seines Gastgebers und vergiftet ihn möglicherweise sogar.

Zu unterscheiden sind Ektoparasiten und Endoparasiten. Ektoparasiten leben nur zeitlich begrenzt auf ihrem Wirt beziehungsweise vom Blut ihres Wirtes. In der Natur sind das beispielsweise Blattläuse, bei uns Menschen die Kopfläuse.

Zu den Endoparasiten gehören auch Bakterien und Viren. Sie zeichnen sich dadurch aus, dass sie IN ihrem Wirt leben. Dies kann entweder dauerhaft oder nur in einer Entwicklungsphase des Parasiten der Fall sein. Sie leben von ihrem Wirt, können aber selbst auch Wirt für noch kleinere Organismen sein.

Da das gesamte Buch den Bakterien und Viren gewidmet ist und diese eigene Kapitel bekommen haben, sollen sie in diesem Kapitel nicht weiter betrachtet werden. Hier soll es um die bekanntesten anderen Parasiten gehen, die den Menschen besiedeln können. Außerdem wird beschrieben, wie wir Menschen solche Parasiten erkennen, sie bekämpfen oder uns vorher schon vor ihnen schützen können.

**Kopfläuse** zum Beispiel sind Parasiten, die zwar lästig, aber nicht weiter gefährlich für uns sind. Besonders häufig treten sie in Kindergärten, Schulen und Kitas auf. Sie leben bei Befall in unserem Kopfhaar und ernähren sich von unserem Blut, indem sie in unsere Kopfhaut beißen. Dies ist weniger mit Schmerzen verbunden. Vielmehr beklagen Betroffene einen starken Juckreiz. Ihre Nissen, also die Eier der Kopfläuse, sind meist an den Haaren nahe der Kopfhaut angeklebt. Da sie sich schnell vermehren, ist eine Behandlung notwendig, um sie zu entfernen oder abzutöten. Empfohlen wird, ein chemisches Mittel zu verwenden. Diese Mittel töten allerdings nicht alle Eier ab, wodurch nach der Behandlung weitere Kopfläuse schlüpfen können. Daher wird weiterhin empfohlen, die Behandlung mit dem nassen Auskämmen zu verbinden. Dazu nutzt man eine handelsübliche Spülung im Haar, die man nicht ausspült, aber mit einem Läusekamm die Haare von der Kopfhaut an gründlich durchkämmt.

Auch von **Krätze oder Skabies** wird häufig berichtet. Hierbei handelt es sich um Milben, die 0,3 bis 0,5 Millimeter groß sind und sich in die oberste Hautschicht eingraben. Dort ernähren sie sich ebenfalls von Gewebe. Die Weibchen leben jeweils ein bis zwei Monate lang und legen tagtäglich Eier. Das, was bei uns Menschen die bekannten Reaktionen hervorruft, sind die Ausscheidungen der Milben. Es kommt zum Juckreiz und Brennen der betroffenen Stellen, was besonders stark ist, wenn man im warmen Bett liegt. Selbst Hautregionen, die nicht betroffen sind, können beginnen zu jucken. In erster Linie treten die Skabiesmilben zwischen den Fingern und Zehen auf. Aber auch Handgelenke, Knöchel, die Achseln und Ellbogen, Genitalien sowie Brustwarzen können betroffen sein. Sind Kleinkinder betroffen, können auch der gesamte Kopf und die Handflächen oder Fußflächen befallen sein. Optisch sind die Milben zwar nicht oder nur kaum zu erkennen, aber dafür sieht man unter der betroffenen Haut feine unregelmäßige Linien. Dies sind die Gänge, in denen sich die Milben bewegen. Hier kann es auch zur Entstehung von Bläschen oder Pusteln kommen. Die Skabiesmilben werden von Mensch zu Mensch durch Körperkontakt, der lange anhält, übertragen. Dies kann beim Geschlechtsverkehr, Schlafen in einem Bett, Kuscheln oder Hilfe bei der Pflege der Fall sein.

Der Kontakt muss für eine Übertragung ungefähr fünf bis zehn Minuten anhalten. Bei der hoch ansteckenden Form der Krätze reicht jedoch auch ein kurzer Hautkontakt aus. Tiere können ebenfalls von Milben befallen sein. Diese gehen jedoch selten auf den Menschen über und sind auch hier keine Bedrohung, da sie schnell von allein wieder absterben. Ein weiterer Weg, der jedoch nur für die hoch ansteckende Form der Krätze möglich ist, ist die Übertragung über gemeinsam genutzte Stoffe wie Kleidung, Bettwäsche oder Polster jeglicher Art. Wenn Skabies nicht behandelt wird, kann die Erkrankung chronisch verlaufen. Suchen Sie daher bei Verdacht einen Arzt auf. Es ist eine Therapie mit Skabiziden möglich. Dies sind Medikamente in Form von Cremes oder Sprays, oder seltener auch in Tablettenform. Auch weitere Maßnahmen wie das gründliche Reinigen aller Kleidung, Bettwäsche etc. bei 60 Grad sowie das Einschränken der sozialen Kontakte für einen Tag nach der Behandlung sind sinnvoll.

Auch **Zecken** sind kleine Parasiten und sie können uns in Deutschland im Grunde überall, wo Pflanzen wachsen, begegnen. Dies ist zum Beispiel im Wald, im Park oder im eigenen Garten der Fall. Allerdings kommen sie in Baden-Württemberg und Bayern noch häufiger vor als im Rest von Deutschland. Um auf den Menschen zu gelangen, klettern sie beispielsweise auf eine Stelle am Grashalm, die herausragt oder am höchsten ist. Sie werden dann vom menschlichen Bein oder von der Hundeschnauze abgestreift und gelangen auf diese Weise an den menschlichen oder tierischen Körper. Dort können sie sich dann selbst festhalten. Es gibt die weitverbreitete Auffassung, dass Zecken springen können oder sich von Bäumen fallen lassen. Das stimmt aber nicht. Nicht jede Zecke, die uns sticht, ist mit einem Erreger infiziert. Und nicht alle infizierten Zecken übertragen die Erreger an uns Menschen. Tun sie dies aber doch, gibt es die Möglichkeit, dass sie Borrelien-Bakterien oder das FSME-Virus an uns weitergeben. Wodurch sich diese beiden Erreger und die von ihnen ausgelösten Krankheiten auszeichnen, haben Sie bereits in den Kapiteln „Bakterien – Beispiele“ und „Viren – Beispiele“ gelesen. Die in Deutschland am meisten vorkommende Zecken heißt Ixodes ricinus. Ist diese Zecke erst mal auf den Menschen übergegangen, krabbelt sie bis zu einer Stunde (teilweise sogar länger) auf dem Körper herum, um eine geeignete Einstichstelle zu finden. Bei einer adulten, also ausgewachsenen Zecke, dauert der Saugakt sechs bis acht Tage. In dieser Zeit ist sie einem hohen Risiko ausgesetzt, da sie jederzeit gefunden und entfernt werden kann. Da sie aber auf das menschliche Blut angewiesen ist, um zu überleben, sucht sie sich die Einstichstelle sehr bedacht aus. Dies ist für sie bestenfalls eine geschützte Stelle. Zu diesen zählen beispielsweise die Rückseiten der Ohren, die Achseln, der Bauchnabel oder auch die Unterseite des Uhrenarmbandes. Da der Suchvorgang für die geeignete Stelle so lange dauert, besteht die Chance, die Zecke zu entfernen, bevor sie zugestochen hat. Es wird dazu geraten, den Körper regelmäßig und gründlich nach Zecken abzusuchen.

Dies ist sinnvoll, wenn man von einem Aufenthalt im Freien zurückkommt. Gerade der Aufenthalt auf Wiesen mit hohem Gras oder in Gebüschen macht ein Absuchen nötig. Einen weiteren Schutz kann geeignete Kleidung bieten. Hierzu gehören festes Schuhwerk, lange Hosen, die bestenfalls in die Socken gesteckt werden, damit die Zecken gezwungen sind, auf der Kleidung hoch zu krabbeln und lange Ärmel. Es gibt auch Zeckenspray, das angewendet wird, bevor man ins Freie geht. Jedoch hat dies eine zeitliche Begrenzung, nach der es nutzlos wird. Das Duschen nach dem Aufenthalt im Freien ist nur dann sinnvoll, wenn die Zecke noch nicht gestochen hat, da sie dann möglicherweise noch weggespült wird. Hat sie jedoch bereits gestochen, ist das Duschen in diesem Fall sinnlos.

**Wurmerkrankungen** sind gerade bei Kindern nicht selten. Über verunreinigten Sand auf Spielplätzen beispielsweise, aber auch über Haustiere oder Lebensmittel können diese über den Mund in den Menschen gelangen und im Verdauungstrakt auswachsen. Die häufigste Wurmerkrankung in Deutschland ist der Befall mit Madenwürmern.

Symptome sind hier vor allem starker Juckreiz oder sogar Schmerzen am After. Die Symptome treten in erster Linie in der Nacht auf, da die weiblichen Würmer nachts ihre Eier in den Falten um den After herum ablegen. Man kann eine Madenwurmerkrankung in manchen Fällen auch sehen, da die Würmer drei bis 12 Millimeter lang sind und teilweise mit dem Kot ausgeschieden werden. Besteht ein Verdacht auf Wurmbefall, sollte man einen Arzt aufsuchen. Es gibt Tabletten zur Entwurmung, die häufig direkt für die gesamte Familie verschrieben werden, da die Wahrscheinlichkeit hoch ist, dass sich alle engen Kontaktpersonen angesteckt haben. Außerdem ist zu erhöhter Hygiene zu raten. Zu dieser zählen Maßnahmen wie vermehrtes Händewaschen, die Fingernägel möglichst kurz zu schneiden und die Unterwäsche sowie Bettwäsche täglich zu wechseln und bei 60 Grad zu waschen. Auch weitere Wurmerkrankungen wie der Befall mit einem Rinder-, Fuchs- oder Hundebandwurm sowie einem Spulwurm sind möglich. Symptome wie Durchfall oder Verstopfung, Bauchschmerzen, Appetitlosigkeit oder Heißhungerattacken und Juckreiz im Analbereich sind mögliche Anzeichen. In jedem Fall ist bei Verdacht ein Arztbesuch zwingend anzuraten.

## PILZE

Pilze sind Organismen, die ebenso vielseitig sind wie Bakterien und Viren und in bestimmten Fällen auch den Menschen besiedeln. Dies ist nur in seltenen Fällen mit Krankheiten verbunden. Dennoch soll den Pilzen ein Abschnitt in diesem Buch gewidmet werden.

Pilze besiedeln unseren Körper jederzeit. Hefepilze beispielsweise kommen natürlicherweise auf der Haut vor. Der Hefepilz hat die Aufgabe, abgestorbenes Gewebe abzubauen. Aber auch schädliche Pilze kommen bei Menschen vor. Sie betreffen in den meisten Fällen unsere Haut, Fuß- und Fingernägel sowie unsere Schleimhäute. In selteneren Fällen können sie auch innere Organe besiedeln, wo sie sehr schädlich sind.

Ein Beispiel für eine Pilzinfektion ist der allseits bekannte **Fußpilz**. Dieser tritt vor allem dann auf, wenn ein feucht- warmes Klima herrscht und viele Menschen barfuß laufen. Dies ist zum Beispiel in Schwimmbädern und Saunen der Fall. Eine infizierte Hautschuppe kann hier auf die eigenen Füße gelangen. Wenn dies passiert, ist eine Infektion aber noch nicht sicher, sondern wird dann wahrscheinlich, wenn man beispielsweise nach dem Schwimmbadbesuch synthetische Socken trägt, die den Schweiß nicht aufsaugen, sondern die Füße feucht und weich werden lassen. Wenn man dann noch ein geschwächtes Immunsystem hat oder die Haut an den Füßen durch Verletzungen oder ähnliches beschädigt ist, ist das Risiko für eine Infektion hoch.

Für weitere Pilzinfektionen wie dem **Hautpilz** gelten ähnliche Risikofaktoren. Feuchtes, warmes Milieu verbunden mit beschädigter Haut oder Schleimhäuten begünstigt eine Infektion. Hat man sich infiziert, juckt die Haut und wird rot. Man kann an den betroffenen Stellen auch viele weiße Hautschüppchen sehen. Eine Behandlung ist leicht und ein absolutes Muss, da man ansonsten schnell andere Menschen anstecken kann.

Behandelt werden schädliche Pilze mit Medikamenten, die sich Antimykotika nennen. Sie töten die Pilze ab, indem sie den Aufbau einer Zellwand ganz verhindern oder die Wand löchrig machen, wodurch Pilzbestandteile nach außen dringen.

Pilze können ebenso schädlich wie auch hilfreich für uns sein. Das teilweise lebensrettende Antibiotikum Penizillin wird zum Beispiel aus einem Schimmelpilz gewonnen.

# Immunabwehr

Wenn wir tatsächlich von so vielen Bakterien, Viren, Pilzen und Parasiten umgeben sind, warum sind wir dann nicht ständig krank? Zu unserem Glück sind wir den Millionen von Erregern, die uns dauerhaft umgeben, nicht schutz- und hilflos ausgesetzt. Wir erkranken ja nicht an jedem Erreger. Aber wie kann das sein? Die Antwort liegt in uns selbst. Unser Körper ist ein hochkomplexes System, das sich den äußeren Gegebenheiten angepasst hat und gegen alle Schädlinge vorgehen kann. Dafür hilft uns unser eigenes Abwehrsystem, das Immunsystem. Es hat die reine Aufgabe, Erreger zu erkennen und unschädlich zu machen. Doch wie macht es das? Was passiert, wenn ein Erreger in den Körper gelangt? Um diese Fragen zu beantworten, müssen wir uns die Bestandteile des Immunsystems anschauen. Diese finden wir nicht nur an einer bestimmten Stelle im Körper, sondern sie sind über den gesamten Körper verteilt.

Nach der Geburt werden wir selten sofort krank. Der Körper bringt also schon einen Anteil des Immunsystems mit. Diesen Teil nennt man auch unspezifisch oder angeboren. Das sind zum Beispiel gewisse Zellen, die ich später noch erläutere. Das Gegenstück zum unspezifischen Anteil ist folglich der spezifische Teil. Diesen nennt man auch erworbenen Anteil, da sich dieser im Laufe des Lebens entwickelt und aus durchlebten Krankheiten lernt. Diese beiden Anteile sind unverzichtbar und arbeiten gemeinsam und sehr effektiv gegen Eindringlinge.

Die beiden Anteile – spezifisch und unspezifisch – kann man jeweils noch mal in zwei Teile zerlegen. Denn beide bestehen zum einen aus Zellen, die Erreger bekämpfen, was als zelluläre Abwehr bezeichnet wird. Zum anderen befinden sich Anteile unserer Immunabwehr in unseren Körperflüssigkeiten wie beispielsweise unserem Blut oder unseren Lymphgefäßen. Unsere Blutbahnen sind ein effektives Transportnetz für

Botenstoffe oder Immunzellen. Unser Lymphsystem ist ein Kurierdienst für Sauerstoff und Nährstoffe zu den Geweben. Außerdem transportieren sie tote oder beschädigte Zellen, Erreger und fremde Stoffe von den Geweben ab.

Das **unspezifische Immunsystem** ist, wie beschrieben, angeboren. So simpel, wie es Ihnen gleich erscheinen mag, ist unsere Haut eine dieser angeborenen Schutzbarrieren. Sind Haut und Schleimhäute nicht beschädigt, sind diese bereits eine sehr schwer zu überwindende Barriere für Krankheitserreger. Ausgebreitet würde unsere Haut ungefähr zwei Quadratmeter Fläche bedecken. Unsere Schleimhäute befinden sich beispielsweise in Auge, Nase, Mund, Magen-Darm-Trakt, in den Bronchien, in Gebärmutter, Scheide, Blase und Penis. Dies sind alles weitere Schutzeinrichtungen für unseren Körper. Ist eine Schleimhaut beispielsweise beschädigt und schafft es deshalb ein Erreger doch in das Körperinnere, greifen eine Reihe weiterer Mechanismen. Wie diese bei Bakterien und bei Viren genau aussehen, wird später beschrieben. Hier ist erst mal wichtig, zu wissen, wie diese Bestandteile unter anderem heißen. Die weißen Blutkörperchen, die Leukozyten, sind spezielle Immunzellen, eine Reihe verschiedenster Zellen mit unterschiedlichen Aufgaben. Alle sind jeweils Phagozyten, also Fresszellen. Zu nennen sind Makrophagen, Killerzellen, Granulozyten, dendritische Zellen, Monozyten und Mastzellen.

Neben dieser zellulären Immunabwehr gibt es natürlich auch die humorale, also durch Botenstoffe in Körperflüssigkeiten aktive Immunabwehr. Dazu gehört das Komplement-System, bestehend aus einer Reihe an Proteinen, also Eiweißen. Dieses erkennt fremde Zellen, markiert sie für die Fresszellen oder löst sie selbst auf und kann Immunzellen aktivieren. Die Akute-Phase-Proteine setzen sich auf einen Erreger und verbinden sich miteinander, um zu verklumpen und den Erreger auf diese Weise unschädlich zu machen. Die Interferone sind Signalstoffe, die bei Befall einer Zelle aktiv werden. Lysozyme sind bakterientötende

Substanzen.

Das **erworbene Immunsystem** oder auch spezifisches Immunsystem ist sehr anpassungsfähig. Man spricht von einer Art Gedächtnis, mit dem der Körper beziehungsweise sein Immunsystem an bereits bekannte Krankheitserreger erinnert, wodurch das Immunsystem deutlich effizienter und schneller auf denselben Erreger reagieren kann. Zu diesem System gehören B-Zellen und T-Zellen. Die B-Zellen gehören zur humoralen Abwehr. Sie bewirken, dass nach einer durchlebten Krankheit Gedächtniszellen im Körper bleiben. Außerdem bilden sie Antikörper, also Teile, die denselben Erreger sofort erkennen und sich an diesen binden. Diese Bindung ist wie eine Signalflagge, die andere Teile des Immunsystems aufmerksam macht. Zu der zellulären Abwehr gehören die T-Zellen, die beispielsweise B-Zellen steuern, aber Krankheitserreger auch direkt selbst abtöten können. Was passiert nun also, wenn Bakterien in den Körper kommen? Unterscheidet sich dieser Vorgang, wenn Viren in den Körper gelangen? Und wie sieht es bei Pilzen oder Parasiten aus? Diese Fragen sollen nun geklärt werden.

## DIE ABWEHR VON BAKTERIEN

Kommen wir mit einem Bakterium in Berührung und dies schafft es über verletzte Haut oder Schleimhäute in unseren Körper, so wird dies bestenfalls direkt an der Eintrittsstelle von Phagozyten erkannt. Diese sind sozusagen dauerhaft in „Lauerstellung" – sie warten also auf den nächsten Eindringling. Ist es nur eine kleine Menge oder ungefährliches Bakterium, können die Phagozyten diesen direkt phagozytieren, also in sich aufnehmen und dann mit Hilfe von Enzymen auflösen. Ist es aber eine größere Menge oder das Bakterium ist besonders gefährlich, bilden die zuvor genannten B-Zellen Antikörper. Diese können sich, ebenfalls zuvor erklärt, an die Oberfläche des Erregers heften, wodurch andere Zellen aufmerksam werden. Durch die Anhaftung werden zum Beispiel

Makrophagen und Granulozyten „angelockt“, die die Eindringlinge fressen. Der für eine bakterielle Infektion typische Eiter entsteht. Dieser setzt sich zusammen aus zerfallen Granulozyten, Resten des Gewebes und den beseitigten Bakterien. Problematisch wird diese Abwehr, wenn das Bakterium Mechanismen entwickelt hat, um das Immunsystem zu täuschen. Beispielsweise haben manche Bakterien auf ihrer Oberfläche Moleküle, die vom Immunsystem nicht oder nur schwer als fremd erkannt werden. Andere wiederum schaffen ein Überleben in den Zellen selbst und andere umgeben sich mit einer Art Schleimkapsel, die die Phagozytose, also das Auflösen durch Phagozyten, hemmt.

## DIE ABWEHR VON VIREN

Bei einem Virusbefall ist unser Immunsystem ganz anders gefordert. Da Viren nicht in der Lage sind, sich allein zu vermehren, brauchen sie, wie schon ausführlicher erklärt, eine Wirtszelle. Dazu dienen unsere Körperzellen. Da das Virus also in einer körpereigenen Zelle steckt, können Antikörper und T-Zellen die Viren nicht erkennen und somit auch nicht unschädlich machen. Dafür gibt es in unserem System eine Lösung. Befallene Zellen sind in der Lage, die Antigene auf ihrer Oberfläche zu präsentieren. Dies wirkt wie das Hissen einer SOS-Fahne, wodurch die T-Zellen alarmiert werden. Die erkennen so, dass die Zelle befallen ist und sie können sie daraufhin abtöten. Zeitgleich wandeln sich B-Zellen in Plasmazellen um, was den Sinn hat, dass sie nun Antikörper bilden können. Sobald die Viren freigesetzt werden, weil sie sich gerade geteilt (also vermehrt) haben und auf der Suche nach einer neuen Zelle sind, um diese zu befallen, können die Antikörper sich an sie heften und die Fresszellen anlocken. Eine warnende Funktion haben die Interferone. Das sind Stoffe, die von den virusbefallenen Zellen selbst ausgeschüttet werden. Durch diese Warnung verringern benachbarte Zellen ihren Stoffwechsel, was eine höhere Unempfindlichkeit den Viren gegenüber zur Folge hat. Die gewarnten Zellen beginnen außerdem mit der Bildung von Zytokinen, die antiviral wirken.

## DIE ABWEHR VON PARASITEN

Die Abwehr von Parasiten ist noch mehr von Fachsprache und Einzelheiten geprägt als die Abwehr von Bakterien oder auch Viren. Außerdem wurde ja bereits beschrieben, dass der Körper selbst beispielsweise kaum gegen Wurmbefall ankämpfen kann und das immer eine Arztbehandlung nötig ist. Daher soll hier nur eine kurze Erläuterung folgen, wie die Reaktion des Immunsystems aussieht, wenn Würmer im Körper erkannt werden. Hauptsächlich sind die bereits mehrfach genannten Abwehrzellen ausschlaggebend. Vor allem Phagozyten, B-Zellen und die T-Zellen spielen hier eine wichtige Rolle. Zu den bekannten Abläufen kommen hier die Mastzellen und die eosinophilen Granulozyten hinzu. Diese schütten Substanzen aus, die Zellen und Gewebe schädigen können. Außerdem heften sich Antikörper des Typs Immunglobin E an die Parasiten, wodurch diese leichter von Mastzellen erkannt werden. Diese Mastzellen heften sich dann ebenfalls an die Antikörper, wodurch diese dicht an die Parasiten herankommen. Hier können sie bei engem Kontakt nun ihre Zytokine freisetzen, welche die Parasiten weiterhin schädigen.

# Übertragungswege

Diese Möglichkeiten, Krankheiten oder besser gesagt deren Erreger zu übertragen, gelten für Viren und Bakterien gleichermaßen. Wie in den Beispielen bereits beschrieben, gibt es für unterschiedliche Krankheiten auch unterschiedliche Übertragungswege. Die Hantaviren werden beispielsweise nur über Nagetiere wie Ratten und Mäuse sowie deren Ausscheidungen übertragen, aber nicht von Mensch zu Mensch. Da aber eine komplette Aufgliederung aus Platzgründen nicht stattfinden kann und diese wahrscheinlich auch nicht sinnvoll wäre, möchte ich mich darauf beschränken, generelle Übertragungswege aufzählen und zu beschreiben. So wissen Sie, welche Situationen im Alltag oder welche Verhaltensweisen zu einer Ansteckung führen können, wodurch es Ihnen wiederum ermöglicht wird, sich in der Zukunft besser zu schützen. Bedenken Sie aber, dass Ihr Immunsystem bereits einige Erreger von Ihnen abhält. Denn dafür ist es da und darin sogar sehr gut. Sonst hätten Sie ja jedes Mal, nachdem Sie mit einer erkälteten Person gesprochen haben, auch direkt danach eine Erkältung. Es gibt aber leider auch Krankheiten, die hoch ansteckend sind und deren Erreger das Immunsystem nicht mehr abwehren kann. Ein gewisses Maß an Aufmerksamkeit und Schutz ist daher angebracht. Darüber soll dieses Kapitel Sie aufklären.

Ein Weg, der für die Übertragung von Krankheitserregern möglich ist, ist die **Tröpfcheninfektion**. Mit dem Begriff ist gemeint, dass beispielsweise beim Sprechen, beim Husten oder auch beim Niesen winzige Tröpfchen, die Erreger enthalten, in die Luft gelangen, und dann von der gegenüberstehenden Person eingeatmet werden. Beim Küssen muss die Luft vom Erreger nicht überwunden werden, sondern hier werden diese auf direktem Wege übertragen. Die Krankheitserreger können sich bei diesem Übertragungsweg im Hals oder im Rachenraum ansiedeln und

sich vermehren.
Die Wissenschaft unterscheidet die Tröpfchen nach ihrer Größe. Tröpfchen, die kleiner als 5 Mikrometer sind, schweben länger in der Luft und können daher auch größere Distanzen zwischen Personen überwinden. Tröpfchen, die größer als 5 Mikrometer sind, sinken aufgrund ihres Gewichts schneller ab als kleinere Tröpfchen. Die Distanz, die sie noch überwinden können, liegt bei ungefähr einem Meter. Deswegen werden Distanzen von ungefähr 1,5 Metern zu anderen Personen angeraten. Allerdings landen die Tröpfchen und damit die Erreger auch auf Oberflächen wie Tischen, Türklinken und so weiter. Berühren Sie die Fläche, auf die beispielsweise zuvor geniest wurde und fassen Sie sich dann an die Nase, an den Mund oder die Augen, kann dies ebenfalls für eine Ansteckung ausreichen. Diese Art der Ansteckung wird ebenfalls Tröpfcheninfektion genannt.

Grippale Infekte, die echte Grippe, aber auch weitere durch Viren ausgelöste Krankheiten, werden häufig über die Tröpfcheninfektion übertragen. Krankheiten, die stark ansteckend sind, zeichnen sich meist dadurch aus, dass sie größere Distanzen in der Luft überwinden können. Dazu gehören beispielsweise Masern und Windpocken. Als Beispiele für Krankheiten, die durch Bakterien ausgelöst und über Tröpfcheninfektion übertragen werden, sind vor allem Scharlach, aber auch eine Meningokokken-Infektion zu nennen.

Ein weiterer Übertragungsweg ist die **Schmierinfektion**. Sie wird auch Kontaktinfektion genannt, da die Weitergabe der Erreger durch eine oder mehrere Berührungen geschieht. Auch hier unterscheidet man zwei Arten. Entweder werden Erreger beim direkten Kontakt zu einem Menschen, beispielsweise durch Hände schütteln, weitergegeben. Das allein würde wahrscheinlich noch nicht zu einer Ansteckung führen. Das riskante Verhalten ist hier, sich mit den Händen dann an Mund, Augen oder Nase zu fassen, da sich hier Schleimhäute befinden, die die Erreger aufnehmen. Die zweite Option ist die Berührung eines Gegenstandes, auf dem Erreger haften. Denken Sie nur an die Handläufe im Treppenhaus oder eine Türklinke. Wenn Sie diese berühren und sich dann ins Gesicht fassen, können Sie sich schnell anstecken. Vor allem Erkrankungen, die Durchfall mit sich ziehen, werden auf diesem Weg übertragen. Dies nennt man auch fäkal-oral, da Stuhlreste, die eventuell an der Hand haften, wenn der Erkrankte die Hände nicht oder falsch gewaschen hat, durch Händeschütteln oder ähnliches weitergegeben werden und dann, beispielsweise beim Essen, zum Mund gelangen. Auch Herpesviren werden auf diese Weise schnell weitergegeben. Das Sekret aus den Herpesbläschen ist hochansteckend. Wenn man sich als Infizierter unbemerkt an den Bläschen berührt und jemandem dann die Hand schüttelt, sind die Viren schon übertragen.

**Lebensmittelinfektionen** treten ebenfalls häufig auf. Vor allem bei roher Wurst, nicht durchgegartem Fleisch oder rohen Eiern kommt es schnell zu einer Vermehrung von Bakterien und Viren. Einen Befall kann man als Konsument leider weder schmecken noch sehen oder riechen. Salmonellen werden zum Beispiel auf diese Weise übertragen. Da die Vermehrung der Erreger auf dem Lebensmittel bereits so schnell vonstattengeht, sind die Erreger nicht mehr auf den menschlichen Körper angewiesen, sondern lösen schon wenige Stunden nach der Nahrungsaufnahme Symptome wie Durchfall oder Erbrechen aus. Wenn bestimmte Bakterien in den Lebensmitteln Toxine bilden, also Giftstoffe, und der Mensch diese Toxine zu sich nimmt, spricht man von einer Lebensmittelvergiftung. Neben den Salmonellen gehören noch E.-coli und Campylobacter zu den häufigsten durch Lebensmittel übertragenen Erregern.

Auch **über Wasser** können Erreger übertragen werden. Dies geschieht entweder durch das Trinken von Trinkwasser, welches unter Umständen verunreinigt ist, oder auch das Trinken von Brunnenwasser.

Einen weiteren Übertragungsweg bilden die in den vorherigen Kapiteln bereits beschriebenen feinen Tröpfchen in der Luft. Diese kommen beispielsweise in Schwimmbädern, Whirlpools, Wasserfontänen oder auch Autowaschanlagen vor und werden von Menschen eingeatmet. Es ist durchaus möglich, dass Fäkalreste, die Bakterien wie E.-Coli oder EHEC enthalten, ins Wasser gelangt sind. Beim Aufnehmen über Schleimhäute kann es dann zu einer Erkrankung kommen. Um das zu verhindern, gibt es das Infektionsschutzgesetz oder auch die Trinkwasserverordnung, die die Aufbereitung von Wasser mit hygienischen Standards regeln. Auch Legionellen können durch das Einatmen der feinen Wassertröpfchen in der Luft aufgenommen werden. Dies löst möglicherweise Grippesymptome oder auch Lungenentzündungen aus.

Über die Genitalschleimhäute werden Geschlechtskrankheiten (oder auch sexuell übertragbare Krankheiten) übertragen. Dazu gibt es in diesem Buch ein eigenes Kapitel.

Generell sind alle Schleimhäute mögliche Eingänge für Bakterien, Viren und Pilze in unseren Körper. Dazu zählen neben den zuvor genannten Schleimhäuten in Mund, Nase und Augen auch die unteren Atemwege, die Blutbahn, der Magen-Darm-Trakt, die Genitalschleimhäute und Wunden oder Verletzungen. Wie Sie sich vor Infektionen schützen können, können Sie im Kapitel „Vorbeugung“ nachlesen.

# Sexuell übertragbare Krankheiten

In den meisten Fällen werden sexuell übertragbare Krankheiten als STIs bezeichnet, als „sexual transmitted infections". Vor einigen Jahren war der Begriff „Geschlechtskrankheiten" gängiger. Doch alle Begriffe meinen dasselbe: Krankheiten, die vor allem beim Sex übertragen werden. Zu den Erregern gehören neben Viren und Bakterien auch Parasiten.

In diesem Kapitel werden alle Aspekte der STIs aufgeführt. Welche sexuell übertragbaren Krankheiten gibt es, welche Symptome lösen sie aus, wie werden sie erkannt und wie werden sie behandelt? Und besser noch: Wie kann ich mich und meine Sexualpartner schützen? Es gibt viele Fragen zu diesen Sachverhalten, da diese oft noch als „Tabuthemen" gelten. Dass sich niemand dafür schämen muss, ist selbstverständlich. Dennoch muss noch mehr Aufklärung diesbezüglich stattfinden, um sich und seine Mitmenschen besser schützen zu können. Dafür soll dieses Kapitel ein erster Schritt sein.

## WIE WERDEN STIS ÜBERTRAGEN?

Ein häufiger Übertragungsweg ist der Kontakt mit Körperflüssigkeiten. Dazu gehören unter anderem Sperma, Scheidenflüssigkeit, Darmschleimhaut, Blut (auch jenes, das bei der Menstruation ausgeschieden wird), Speichel und sogar Muttermilch. In den genannten Flüssigkeiten können Erreger enthalten sein, die, wie beschrieben, über Schleimhäute aufgenommen werden können. Aber auch verletzte Haut ist eine mögliche Eingangspforte für Erreger.
Zu den Übertragungswegen gehören auch infizierte Schleimhäute. Bei Kontakt von gesunden Schleimhäuten mit infizierten Schleimhäuten,

beispielsweise des Pos, der Scheide oder des Penis, kann es zu ungewollten Ansteckungen kommen. Auch wenn Haut infiziert ist, wie beispielsweise bei den zuvor genannten Herpesviren, kann man sich durch Berührungen anstecken.
Darüber hinaus kann es auch beim Sex zu Schmierinfektionen kommen. Das ist beispielsweise bei Sexspielzeug der Fall. Wenn man mit der Hand, auf der möglicherweise Erreger haften, das Spielzeug berührt und dies durch das Einführen in den Körper mit den Schleimhäuten in Berührung bringt, haben es Erreger sehr leicht, die Schleimhaut zu besiedeln und sich dort zu vermehren.
Doch Sex ist für die Ansteckung mit manchen STIs gar nicht notwendig. Auch das Verwenden von infizierten Nadeln, beispielsweise beim Drogenkonsum, kann eine Ansteckung auslösen. Auch das gemeinsame Nutzen von Röhrchen beim Drogenkonsum durch die Nase ist ein riskantes Verhalten. Denn hier berührt das Röhrchen zunächst die Nasenschleimhaut der einen und dann im nächsten Zug die der anderen Person. Wenn die Drogen an sich auch noch Erreger aufweisen, geraten diese beispielsweise beim Spritzen direkt in die Blutbahn und können nicht einmal durch die Barriere der Schleimhäute abgewehrt werden.

Auch die Geburt und alle damit verbundenen Flüssigkeiten wie Blut, Muttermilch und Schleimhäute sind ein Risikofaktor. Hier können beispielsweise Herpesviren von medizinischem Personal auf die Mutter oder auch auf das ungeborene Kind übertragen werden.
Teilweise reicht sogar ein enger Körperkontakt oder das gemeinsame Nutzen von Wäsche wie Kleidung oder Bettbezügen zum Übertragen einer STI aus. Dies ist zwar selten der Fall, aber dennoch möglich. Hier werden in den wenigen Fällen am ehesten Parasiten übertragen.

### Welche STIs gibt es und welche Symptome lösen sie aus?

Es gibt eine Reihe an sexuell übertragbaren Krankheiten, von denen man häufig hört, aber nicht genau weiß, wie sie eigentlich übertragen werden oder wie sie sich auswirken. Dabei könnte eine bessere Aufklärung über diese Krankheiten dazu beitragen, die Anzahl der Neuansteckungen zu verringern. In diesem Abschnitt sollen daher die häufigsten „Geschlechtskrankheiten" genannt und erklärt werden.

**Chlamydien** zählen zu den häufigsten, sexuell übertragbaren Krankheiten. Chlamydien werden durch das Bakterium Chlamydia trachomatis ausgelöst und in erster Linie bei ungeschütztem Sex über Schleimhäute weitergetragen. Da Chlamydien nur geringe oder teilweise auch gar keine Symptome verursachen, werden sie in einigen Fällen auch nicht diagnostiziert. Kommt es aber doch zu Krankheitsanzeichen, sind diese meist ein ungewöhnlicher Ausfluss aus dem Penis, dem Po oder der Scheide. Es kann auch zu Zwischenblutungen kommen. Beim Wasserlassen können ein Brennen oder Schmerzen zu spüren sein. Teilweise werden auch Schmerzen beim Vaginal- oder Analsex beschrieben und es kann zu Juckreiz an Penis, Po oder Scheide kommen. Sollten Sie eines oder mehrere Symptome davon wahrnehmen, sollten Sie sich auf jeden Fall untersuchen lassen. Eine Untersuchung wird auch angeraten, wenn die Symptome nachlassen oder ganz verschwinden, da sich die Krankheit auch wieder ausbreiten und weiter übertragen werden kann. Wird die Krankheit nicht behandelt, kann es zu schweren Folgen kommen. Bei Männern und Frauen kann eine Unfruchtbarkeit entstehen, die eine natürliche Schwangerschaft unmöglich macht. Die Bakterien können sich auch in Gelenken ansiedeln, wo sie zu schweren Entzündungen führen können. Auch das Risiko einer Ansteckung mit dem HI-Virus, der später noch erklärt wird, wird erhöht.

Ein weiteres Beispiel für sexuell übertragbare Krankheiten sind **Humane Papillomviren (HPV)**. Von ihnen gibt es über 150 Arten, die unterschiedlicher Ausprägung sind und verschiedene Krankheiten zur Folge haben können. Die Arten, die weniger „schlimm" sind, werden „Niedrigrisiko-Typen" genannt und können Feigwarzen auslösen. Die riskanteren Arten werden „Hochrisiko-Typen" genannt und können Veränderungen in den menschlichen Zellen verursachen, was nach einigen Jahren zu Krebs führen kann. Die schlechte Nachricht ist, dass sie sehr häufig vorkommen und sich fast jeder sexuell aktive Mensch mehrmals mit verschiedenen Viren dieser Art ansteckt. Die gute Nachricht ist dabei aber, dass über 90% der Fälle ohne Symptome einhergehen und der Körper die Viren erkennt und selbst zerstört. Kommt es aber zu Symptomen, sind dies häufig Feigwarzen. Sie sind ungefähr so groß wie ein Stecknadelkopf und sind vor allem an Scheide, Penis oder Anus zu finden. Sie sind zwar nicht schädlich, dennoch aber hoch ansteckend und störend oder schmerzend beim Sex. Neben Feigwarzen können auch Krebs oder Krebsvorstufen entstehen, wenn ein Arzt diese nicht untersucht oder entdeckt und behandelt. Krebsvorstufen sind Zellveränderungen, die über einen Zeitraum von vielen Jahren zu Krebs werden können. Diese Veränderungen treten häufig am Gebärmutterhals und am Anus auf. In selteneren Fällen ist aber auch ein Befall an Penis, Schamlippen und im Mund-Rachenbereich möglich. Die Übertragung findet hier ebenfalls durch den Kontakt mit infizierten Körperflüssigkeiten wie Blut, Sperma, Scheidenflüssigkeit, durch Kontakt mit Hautschüppchen oder der Berührung von Feigwarzen statt. Dies kann vor allem durch ungeschützten Vaginal-, Oral- oder Analverkehr geschehen, aber auch durch den gemeinsamen Gebrauch von Sexspielzeug ohne Kondom.

Auch **Krätze oder Skabies** kann durch Sexualkontakt übertragen werden. Da auf diese aber im Kapitel „Parasiten" näher eingegangen wurde, werden diese hier nicht weiter beschrieben.

Ein weiteres, sehr bekanntes, aber ebenso gefährliches Beispiel ist **Aids bzw. HIV**. Die Abkürzung HIV steht für „Human Immunodeficiency Virus". Dies bedeutet „Menschliches Immunschwäche-Virus". Wie der Name vermuten lässt, schädigt das Virus das körpereigene Immunsystem, wodurch Krankheiten wie ein grippaler Infekt, die normalerweise nicht gefährlich wären, lebensbedrohlich werden können, da der Körper nicht mehr dagegen kämpfen kann. Die ausgebrochene Krankheit, die durch den Hi-Virus entsteht, nennt sich dann Aids. Wenige Tage bis einige Wochen nach der Ansteckung können dann grippeähnliche Symptome wie Fieber, ein allgemeines Krankheitsgefühl und Gelenkschmerzen, aber auch Ausschlag, Durchfall und Schwellungen der Lymphknoten auftreten.

**Gonorrhö**, besser bekannt als **Tripper,** tritt weltweit sehr häufig auf und wird durch Bakterien ausgelöst. Die Krankheitsanzeichen ähneln denen der Chlamydien. Es kann zu ungewöhnlichen Ausflüssen aus Po, Penis und Scheide kommen, Zwischenblutungen sind möglich, auch Juckreiz am Po, am Penis oder an der Scheide treten häufig auf. Ebenfalls sind Schmerzen und Brennen beim Wasserlassen sowie Schmerzen beim Vaginal- und Analsex bekannte Symptome. Ein weiteres Symptom sind Halsschmerzen nach dem Oralsex. Weiterhin kann diese Erkrankung gesundheitlich sehr schädlich sein, da sie im unbehandelten Zustand zu Unfruchtbarkeit bei Frauen und Männern führen kann. Auch hier gilt, sich auch dann untersuchen zu lassen, wenn die Symptome gering sind oder ganz zurückgehen, da die Bakterien sich dennoch im Körper befinden können und der Erreger somit weitergetragen werden kann. Die Ansteckung findet auch hier über den Kontakt mit infizierten Schleimhäuten, beispielsweise bei ungeschütztem Anal-, Vaginal- oder Oralsex statt. Auch die gemeinsame Benutzung von Sexspielzeug ist hier ein Risikofaktor.

**Herpes** gibt es in zwei verschiedenen Formen: Lippenherpes und Genitalherpes. Ist man einmal mit Herpesviren infiziert, ruhen sie dauerhaft im eigenen Körper, bis sie einen sogenannten Schub auslösen. Dieser kann beispielsweise durch ein geschwächtes Immunsystem während einer Erkältung, eine Stresssituation oder bei manchen Menschen sogar durch Ekel hervorgerufen werden. Bei einem Schub kommt es zu

Bläschen, die mit einem hochansteckenden Sekret gefüllt sind und brennen, jucken oder auch schmerzen können. Manchmal kommt es zusätzlich zu Kopf- und Gelenkschmerzen oder Fieber. Die Bläschen können an unterschiedlichsten Stellen auftreten. Bekannt sind beispielsweise die Lippen, aber auch Nasenflügel oder Rachenbereich können betroffen sein. Beim Genitalherpes können die Bläschen an Schamlippen, Penis, Anus und Enddarm auftreten. Es ist bei einem Schub besondere Vorsicht geboten, da die Viren vom Genitalbereich auch auf Lippen übertragen werden können. Genauso ist es andersherum auch möglich. Kommt man mit dem Sekret aus dem Bläschen an der Lippe in Kontakt und berührt man dann den Genitalbereich, können die Viren übersiedeln. Übertragungswege sind hier daher eine Schmierinfektion oder auch Küssen, wenn die Lippen oder der Mundbereich betroffen sind.

**Trichomonaden** sind das nächste Beispiel. Sie werden durch Parasiten, die aus nur einer Zelle bestehen, ausgelöst. Bei 25% der Frauen und fast allen betroffenen Männern lösen die Parasiten gar keine Krankheitsanzeichen aus und bleiben daher häufig unentdeckt. Kommt es bei Betroffenen aber zu Symptomen, beschreiben diese häufig stark riechenden Ausfluss aus Penis, Scheide und Po, Schmerzen beim Sex, Harndrang, Juckreiz, Schmerzen beim Wasserlassen. Bei manchen Frauen kann es außerdem zu Zwischenblutungen kommen. Auch bei dieser Erkrankung gilt, sich auch bei zurückgehenden Symptomen untersuchen und behandeln zu lassen, da die Erreger im Körper verbleiben können und es dadurch weiterhin zu Ansteckungen kommen kann. Die Ansteckung findet meist bei ungeschütztem Sex über Schmier- und Kontaktinfektion statt. Auch hier ist das gemeinsame Benutzen von Sexspielzeug ein Übertragungsweg. Außerdem wird Petting als möglicher Ansteckungsweg aufgeführt.

Auch **Syphilis** ist ein weltweit auftretendes, bekanntes Beispiel. Die Krankheit wird auch „Lues“ genannt und durch Bakterien ausgelöst. Im deutschen Raum und dem restlichen Westeuropa sind eher homosexuelle, sexuell aktive Männer betroffen. In anderen Teilen der Welt finden sich auch weibliche Erkrankte. Die Erkrankung tritt im zeitlichen Verlauf von mehreren Jahren in drei unterschiedlichen Stufen auf, die so schwach ausgeprägt sein können, dass sie teilweise nicht entdeckt werden. Die erste Stufe, die Frühsyphilis, zeichnet sich durch ein flaches Knötchen oder Geschwür aus. Es tritt dort auf, wo das Bakterium in den Körper gelangt ist. Betroffen können Penis, Schamlippen, Anus, Scheide, Hoden oder Mund sein.

Die Symptome in der zweiten Stufe sind von Fall zu Fall unterschiedlich und werden im zeitlichen Verlauf schwächer. Dazu zählen Hautausschlag, der zunächst am Oberkörper, den Handflächen und Fußsohlen auftritt und später beginnt zu nässen. Wenige Zeit später heilen die Ausschläge dann ab, können aber jederzeit wieder ausbrechen. Es treten außerdem häufig Schwellungen der Lymphknoten, Entzündungen in unterschiedlichen Organen und Appetitlosigkeit auf. Mit der Appetitlosigkeit einhergehend kann es zu Gewichtsverlust kommen. Auch Fieber sowie Kopf- und Gelenkschmerzen oder Muskelschmerzen sind bekannte Symptome. Auch stellenweiser Haarausfall kann auftreten. Meist drei bis fünf Jahre, nachdem man sich angesteckt hat, tritt die Spätsyphilis, also die dritte Stufe ein. Die Erreger haben sich zu diesem Zeitpunkt bereits im gesamten Körper ausgebreitet und haben im und am ganzen Körper Knoten verursacht, die sich gummiartig anfühlen. Wird die Krankheit nicht behandelt, auch wenn keine Symptome mehr auftreten sollten, kann man weitere Personen anstecken. Außerdem können sich die Erreger ungehindert immer weiterverbreiten, was zu schweren Schädigungen an Organen, Herz-Kreislaufsystem und Gehirn führen kann. Diese Schädigungen können mitunter lebensbedrohlich werden. Die Ansteckung findet schnell durch Schmierinfektionen statt. Der Kontakt mit den nässenden Ausschlägen ist besonders riskant. Daher sind auch hier ungeschützter Sex jeglicher Art und gemeinsame Benutzung von

Sexspielzeugen eine häufige Ansteckungsquelle.

**Filzläuse** sind zwar Parasiten, sollen aber hier aufgeführt werden, da sie meist beim Sex übertragen werden. Hier handelt es sich um Insekten, die sich in der Behaarung im Intimbereich, in den Achseln und auf der Brust einnisten können. Dort halten sie sich fest, legen Eier ab und ernähren sich von menschlichem Blut. Zu den Symptomen gehören kleine, bläuliche Flecken um die Stelle der Bisse herum, Jucken und Entzündungen der Haut, einhergehend mit Rötungen und kleine braune Flecken in der Hose, die durch Läusekot entstehen. Da die Bewegungen der Läuse sehr schwach ausgeprägt sind, sieht man sie kaum. Obwohl sie selbst kein größeres Gesundheitsrisiko darstellen, sind aber die aufgekratzten Hautstellen, die zuvor gejuckt haben, Eingangspforten für weitere Erreger wie Bakterien und Viren. Die Ansteckung mit Filzläusen findet nicht nur über Sex oder anderen engen Körperkontakt statt, sondern auch durch Kleidung, Bettwäsche oder Handtücher, die zuvor eine andere infizierte Person benutzt hat.

Die letzten Beispiele sind **Hepatitis A, B und C**. Alle drei Krankheiten bezeichnen eine entzündete Leber, die durch Viren verursacht wird. Der Unterschied zwischen den drei Krankheitsbildern ist die Möglichkeit des Ausheilens der Krankheit.

**Hepatitis A** heilt meist von allein aus. Wenn man die Krankheit einmal durchlebt hat, ist man in den meisten Fällen auch ein Leben lang immun. Kinder bemerken eine Erkrankung möglicherweise gar nicht, da sie nur milde Symptome haben. Bei Erwachsenen ist der Verlauf etwas schwerwiegender, da sie teils sogar über Monate Beschwerden haben können. Zu den Krankheitsanzeichen zählen Appetitlosigkeit, Schmerzen der Muskeln, des Kopfes und der Gelenke, Abgeschlagenheit, Übelkeit bis hin zu Erbrechen, Bauchschmerzen, Fieber und eine Abneigung gegenüber Fetten oder Alkoholkonsum. Die bekannte Gelbsucht, also die gelbe Färbung der Bindehaut oder der Haut, kommt nur in einem Drittel der Fälle

vor und dauert ungefähr zwei bis sechs Wochen an. Hier kommt es dann auch zu einer dunklen Färbung des Urins, heftigem Juckreiz und entfärbten Kot. Die Übertragung findet über Lebensmittel und Trinkwasser statt, wenn diese mit Spuren von Kot verunreinigt worden sind. In Deutschland ist dies eher selten der Fall – meist tritt Hepatitis A in Ländern auf, in denen die hygienischen Bedingungen deutlich schlechter sind, weshalb sie auch Reise-Hepatitis genannt wird. In Deutschland findet die Übertragung primär beim Sex statt. Kontakt- und Schmierinfektionen, beispielsweise durch Sexualpraktiken, die Anal- und Oralverkehr miteinander verbinden oder wenn man den Finger erst in den Po einführt und sich danach am Mund berührt, sind hier der hauptsächliche Übertragungsweg.
Auch bei **Hepatitis B** ist der Verlauf schwach ausgeprägt. Hier bemerken auch viele Erwachsene die Erkrankung überhaupt nicht. Wenn Symptome auftreten, sind es jedoch dieselben wie bei Hepatitis A: Abgeschlagenheit, Schmerzen des Kopfes und der Glieder, Übelkeit bis hin zu Erbrechen, Appetitlosigkeit, Fieber und Bauchschmerzen. Auch die Gelbsucht und die damit einhergehende dunkle Färbung des Urins, dem entfärbten Kot und dem Juckreiz kommt hier nur in seltenen Fällen vor. In 90 bis 95% der Fälle heilen die Entzündung der Leber und alle weiteren Symptome von allein aus. Bei den restlichen Betroffenen kann die Entzündung chronisch werden. Hier treten zwar keine Symptome auf, aber die Viren richten über die Jahre einen so starken Schaden an der Leber an, dass es zu Leberzellkrebs oder einer Leberzirrhose, also der starken Verhärtung, Verkleinerung und Vernarbung der Leber, kommen kann. Betroffen sind hier vor allem Menschen, die ohnehin ein geschwächtes Immunsystem haben. Die Übertragung findet hier über infektiöse Körperflüssigkeiten statt. Gelangen infiziertes Blut, Sperma, Scheidenflüssigkeit etc. auf Schleimhäute oder verletzte Haut einer anderen Person, kann diese damit infiziert werden. Dies geschieht vor allem bei ungeschütztem Geschlechtsverkehr jeglicher Art und dem gemeinsamen

Benutzen von Sexspielzeug.
Auch **Hepatitis C** wird häufig gar nicht bemerkt. Die Symptome sind hier aber dieselben wie bei den anderen beiden Arten, nämlich Abgeschlagenheit, Übelkeit bis hin zu Erbrechen, Fieber, Schmerzen des Kopfes und der Glieder und kein Appetit. Auch hier sind die Gelbsucht sowie die Dunkelfärbung des Urins und Entfärbung des Stuhls eher selten. Im Unterschied zu Hepatitis A und B treten die Symptome in diesem Fall in einem Zeitraum von drei Wochen bis hin zu sechs Monaten nach Ansteckung auf. Problematisch ist diese Art der Hepatitis, da sie nur selten von allein ausheilt. Auch wenn die Symptome schwächer werden oder gar nicht mehr wahrgenommen werden, ist man dennoch ansteckend und die Krankheit besteht weiter. Wird die Krankheit chronisch, kann es auch hier zu Leberzellkrebs oder einer Leberzirrhose kommen. Die Übertragung findet hier über infiziertes Blut statt. Dies kann auch beim Sex der Fall sein, wenn man Sexualpraktiken durchführt, bei denen es zu kleinen Verletzungen kommen kann. Dies ist beispielsweise bei ungeschütztem Analsex oder ungeschütztem Vaginalsex der Fall.

**Wie kann ich mich schützen?**

Auch, wenn man nicht jede Übertragung verhindern kann, beispielsweise wenn sie über die Atemluft geschieht, und weil man die Erreger nicht sehen kann, gibt es doch einige Tipps, die das Risiko einer Ansteckung mit sexuell übertragbaren Krankheiten deutlich senken.

Der wichtigste Tipp ist die **Verwendung von Kondomen**. Diese sollen nämlich nicht nur eine Schwangerschaft verhindern, sondern stellen auch eine Barriere für Erreger wie Viren oder Bakterien dar. Daher sollten sie nicht nur beim Vaginalsex verwendet werden, sondern auch beim Analsex. Selbst, wenn der Penis nur einmal und kurz in Vagina oder Anus eingeführt wird, kann es zu einer Übertragung mit einem Erreger kommen, da Lusttropfen dafür schon ausreichen. Wenn Sexspielzeug gemeinsam genutzt wird, sollten auch diese mit einem Kondom verwendet

werden und das Kondom vor jeder Weitergabe gewechselt werden.
Ein zweiter Tipp, der sich vor allem für den Oralsex eignet, ist die **Verwendung von Dental Dams**. Das sind sogenannte Lecktücher, die man über Vagina, Po oder Penis legen kann. Dadurch kann verhindert werden, dass Sperma, Blut oder Fäkalbakterien in den Mund gelangen. Diese kann man aus Kondomen auch selbst herstellen, indem man die Spitze eines Kondoms abschneidet und das Kondom dann der Länge nach auftrennt.
Einen weiteren Schutz gegen manche Krankheiten bieten **Impfungen**. Dies ist beispielsweise bei der beschriebenen HPV-Infektion oder bei Hepatitis A und B der Fall. Wie Impfungen wirken und welche es gibt, wird in einem anderen Kapitel noch beschrieben.
Durch eine gute **Hygiene** wird beispielsweise das Risiko, sich mit Krätze anzustecken, vermindert. Das regelmäßige Wechseln der Bettwäsche kann das Risiko hier schon senken.
Ein letzter, vielleicht auch unbeliebter Tipp ist der **Verzicht.** Das gilt natürlich nicht für jeden und alles, aber wenn man beispielsweise einen Herpes-Schub hat, ist Verzicht hier die sicherste Lösung und glücklicherweise auch zeitlich begrenzt. Die Herpes-Bläschen sollten unter keinen Umständen berührt werden. Wenn diese am Mund sind, sollte man keinen Oralsex haben und auch aufs Küssen verzichten. Wenn die Bläschen an Vagina, Penis oder Po sind, sollten sie dort jeglichen Kontakt verhindern.

### Wie werden STIs diagnostiziert?

Es gibt sogenannte STI-Tests. Diese werden von Ärzten durchgeführt. Je nach Symptomen kann der Arzt auswählen, welcher Test am sinnvollsten ist. Außerdem ist dieser Test kostenlos, wenn es erste Krankheitsanzeichen gibt oder Ihr Sexualpartner bzw. Ihre Sexualpartnerin bereits positiv getestet wurde. Dann übernehmen Krankenkassen die Kosten.

Eine Art des STI-Tests ist ein Abstrich der betroffenen Schleimhaut. Dies geschieht mit großen Wattestäbchen, die an der Schleimhaut gerieben werden. Die kann im Mund, an der Scheide, am Penis oder am Po sein, je nachdem, welche Krankheit diagnostiziert werden soll und welche Bereiche betroffen sind.

Eine Blickdiagnose ist nur selten möglich. Diese macht vor allem bei Parasitenbefall Sinn, beispielsweise bei Krätze oder Filzläusen.

Zuletzt ist eine Untersuchung des Urins, des Bluts oder anderer Körperflüssigkeiten möglich. Bei Trichomonaden beispielsweise wird häufig eine Urinuntersuchung angeordnet und bei Hepatitis A, B und C wird Blut abgenommen, welches auf Antikörper untersucht wird.

Alle Varianten sind schmerzfrei und für den Patienten ganz unkompliziert. Lediglich die Scham, zum Arzt zu gehen, muss überwunden werden. Wenn Krankheiten früh erkannt werden, können diese besser behandelt werden, als wenn man sie wochenlang ignoriert. Zusätzlich sollte man sich immer in den Kopf rufen, dass dies Routinearbeit für Ärztinnen und Ärzte ist.

Die Behandlung ist meist von medikamentöser Art. Je nach diagnostizierter Krankheit werden beispielsweise Antibiotika (bei bakteriellen Infektionen), antivirale Medikamente (bei Erkrankungen, die durch Viren ausgelöst worden sind), Antiparasitika (gegen Parasiten wie Krätze) oder symptomatische Mittel, die Symptome lindern (beispielsweise Schmerztabletten) eingesetzt. Fast alle STIs sind behandelbar, aber fast keine der genannten heilen von allein aus. Gehen Sie also unbedingt zum Arzt und lassen Sie sich beraten.

# Vorbeugung

Nachdem wir gelernt haben, wie sich Bakterien, Viren und Pilze übertragen, sollten wir uns nun anschauen, wie wir uns vor den Erregern schützen können. Weil Vermeidung nicht möglich ist, da das komplette Abschottung bedeuten würde, folgen hier einige hilfreiche Tipps, die Sie im Alltag schützen, aber nicht einschränken. Dadurch können Sie Ihre Umwelt und Ihre Mitmenschen weiterhin genießen und trotzdem gesund bleiben.

## HYGIENETIPPS FÜR DEN ALLTAG

Der erste Tipp ist sowohl der einfachste als auch der wichtigste: **Händewaschen**. Wir sind uns gar nicht bewusst, wie häufig wir Mitmenschen, Tiere, Gegenstände und Lebensmittel täglich berühren. Dadurch werden, wie zuvor ausführlich erläutert, Erreger weitergegeben und schlimmstenfalls im Gesicht an die Schleimhäute getragen, wodurch eine Infektion möglich wird. Aus diesem Grund ist Händewaschen wichtig und auch ebenso effektiv, wenn es richtig gemacht wird. Sie sollten Ihre Hände immer dann waschen, wenn Sie gerade nach Hause kommen, nach dem Toilettengang, nach dem Nase putzen oder Husten, wenn Sie Lebensmittel zubereiten möchten, wenn Sie Kontakt zu Kranken gehabt haben, wenn Sie Tiere gestreichelt haben oder mit deren Kot oder Futter in Berührung kamen und wenn Sie Medikamente anwenden möchten.

Feuchten Sie zum Händewaschen zunächst Ihre Hände unter laufendem Wasser an. Nun kommt die Seife hinzu. Hier ist zu erwähnen, dass Seifenstücke nicht so hygienisch sind wie Flüssigseifen. Am besten sind sicherlich automatische Seifenspender. Bitte achten Sie darauf, sich bis über die Handgelenke einzuseifen und keinen Teil der Hände zu vergessen. Die Handinnenflächen, die Handrücken, die Zwischenräume der

Finger, die Fingerkuppen, die Fingernägel – all das sollte mit Seife bedeckt sein. Vor allem der Daumen wird beim Händewaschen schnell vergessen, also seifen Sie auch diesen gut ein. Dieser Vorgang sollte 20 bis 30 Sekunden dauern, damit er möglichst effektiv ist. Danach spülen Sie die Seife unter fließendem Wasser wieder ab. Um Ihre Hände nicht direkt wieder zu infizieren, sollten Sie den Wasserhahn mit Ihrem Ellenbogen oder Einweghandtüchern schließen. Zum Schluss sollten Sie Ihre Hände gründlich abtrocknen. Auch hier sollten Sie keinen Teil Ihrer Hände vergessen. Zum Trocknen wären Einweghandtücher natürlich am hygienischsten. Zu Hause sollte jedes Haushaltsmitglied sein eigenes Handtuch haben, das auch nur von dieser Person benutzt wird. Um Ihre Haut an den Händen möglichst nicht zu irritieren und den natürlichen Säureschutzmantel der Haut zu schützen, sollten Sie auf pH-neutrale und milde Seifen zurückgreifen. Die Temperatur des Wassers spielt für den Reinigungsvorgang übrigens keine Rolle. Es macht keinen Unterschied, ob Sie sich die Hände mit kaltem oder warmem Wasser waschen. Die Temperaturen, bei denen Viren oder Bakterien getötet werden, ist so hoch, dass sie für das Händewaschen nicht geeignet ist. Sie würden nämlich viel eher zu Verbrennungen führen.

Weitere Tipps sind die Empfehlungen zum **Niesen und Husten**. Wichtig ist hierbei, von anderen Personen ausreichenden Abstand zu halten und sich bestenfalls wegzudrehen, um keine Tröpfchen zu versprühen. Der Abstand sollte hier mindestens einen Meter betragen. Auf jeden Fall kann man sagen, dass es sicherer wird, je weiter man sich von anderen entfernt. Sie sollten nicht in die Hände niesen oder husten, da, wie bereits beschrieben, Erreger dadurch ins Gesicht und damit an die Schleimhäute gelangen können. Wenn möglich, husten beziehungsweise niesen Sie in ein Einwegtaschentuch, welches Sie anschließend in einem schließbaren Mülleimer entsorgen. Jedes Taschentuch sollte nur einmal benutzt werden. Wird ein Stofftaschentuch benutzt, sollte es bei 60 Grad gewaschen werden, da 30 Grad nicht ausreichen, um Keime abzutöten.

Sollten Sie weder Papier- noch Stofftaschentuch zur Hand haben, ist es sinnvoll, in die Armbeuge zu niesen. Beachten Sie hierbei, mit Ihrem Arm Ihre Nase und den Mund zu bedecken und sich zusätzlich von den umstehenden Personen wegzudrehen. Zusätzlich sollten Sie immer nach dem Niesen und Husten die Hände waschen. Wie das richtig geht, haben Sie ja bereits gelernt.

Ein zusätzlicher Tipp zur richtigen Anwendung von Nasenspray: Wenn Sie das Hütchen in der Nase herunterdrücken, um das Spray in der Nase zu verteilen, lassen Sie es so lange runtergedrückt, bis Sie die Flasche aus der Nase entfernt haben, da die Flasche beim Loslassen etwas Luft einsaugt. Wenn sie dies in Ihrer Nase tut, kann es schnell zu einer Verunreinigung kommen. Zusätzlich sollten Sie den einzuführenden Teil der Flasche nach jeder Benutzung gründlich reinigen oder mindestens abwischen und die Kappe wieder anbringen.

Nächster Tipp: **Abstand halten**. Und das gilt auch im gesunden Zustand. Versuchen Sie, beim Einkaufen, auf Feiern und in allen anderen sozialen Situationen engen Kontakt zu vermeiden. Viele Erreger werden mit dem Speichel beim Sprechen übertragen. Machen Sie es dem Erreger schwerer, indem Sie Abstand halten und die Tröpfchen damit eine größere Distanz überwinden müssen. Am meisten sollten Sie auf Abstand achten, wenn Sie krank sind, um andere nicht zu gefährden. Die ist besonders wichtig, wenn Sie sich in der Gegenwart von Älteren, Schwangeren oder immungeschwächten Menschen befinden. Wenn Sie von einer hochansteckenden Krankheit betroffen sein sollten und eine Arztpraxis besuchen möchten, informieren Sie diese zuvor telefonisch, damit das Personal Vorbereitungen treffen kann, um sich und anderen Patienten zu schützen. Gegebenenfalls ist auch ein Hausbesuch Ihres Arztes oder Ihrer Ärztin möglich, damit Sie das Haus nicht verlassen müssen. Auch zu Hause können Sie Vorkehrungen treffen, um Ihre Familie oder Mitbewohner zu schützen. Sollten Sie an einem Magen-Darm-Infekt leiden, nutzen Sie, wenn möglich, eine separate Toilette. Sollte dies nicht möglich sein, ist eine vermehrte Reinigung notwendig. Lüften Sie regelmäßig die Zimmer gründlich durch und halten Sie sich, wenn möglich, in getrennten Räumen auf. Das gilt auch für die Nacht. Wenn Sie in getrennten Zimmern schlafen, reduzieren Sie das Risiko, Ihren Partner, Ihre Partnerin oder Ihre Kinder durch Tröpfcheninfektion anzustecken. Achten Sie außerdem darauf, ein eigenes Handtuch zu verwenden und auch weitere Haushaltsgegenstände wie Besteck nicht zu teilen.

Eine weitere Maßnahme, die auf Abstand zielt, ist das Anlegen von Schutzkleidung. Die simpelste Schutzkleidung, die jeder zu Hause hat, sind Badelatschen oder Flip-Flops. Diese sind sinnvoll, wenn Sie im Schwimmbad sind oder im Fitnessstudio die Dusche benutzen möchten, da aufgeweichte Haut ein Risiko für Infektionen wie Fußpilz ist. Tragen Sie Ihre Badelatschen also so oft wie möglich und achten Sie darauf, nach dem Schwimmbadbesuch Ihre Füße möglichst gründlich abzutrocknen. Sollten Sie sich auf Liegen und andere Sitzmöglichkeiten setzen, nutzen Sie bestenfalls ein Handtuch zur Unterlage. Eine weitere Schutzkleidung ist die Mund-Nasen-Maske. Diese ist nicht immer sinnvoll, weswegen man sich von medizinischem Personal beraten lassen sollte.

Je nach Erreger, Risiko und Ansteckungsgrad sind unterschiedliche Masken notwendig oder nützlich. Achten Sie hierbei auf mögliche Veröffentlichungen von angesehenen Gesundheitsinstituten oder der Bundesregierung. Einweghandschuhe sind im Alltag schon deutlich nützlicher. Wenn Sie beispielsweise einen kranken Angehörigen versorgen und mit Kot oder Erbrochenem in Berührung kommen, sollten Sie Einweghandschuhe nutzen. Das Händewaschen nach dem Tragen wird dadurch nicht ersetzt, aber es ist eine erste Barriere, die durchaus sinnvoll und effektiv ist. Wenn Sie selbst ein geschwächtes Immunsystem haben, sollten Sie beim Wickeln von Kindern, beim Zubereiten von rohem Fleisch oder der Arbeit im Garten Handschuhe tragen, da dies weitere Situationen sind, in denen wir mit Erregern und Keimen in Berührung kommen.

Der nächste Tipp bezieht sich auf die **Hygienemaßnahmen im**

**Sanitärbereich**, also privaten und öffentlichen Toiletten. Für die private Toilette gilt, diese auf die richtige Weise zu reinigen. Auch wenn die Werbung Ihnen anderes verspricht, reichen handelsübliche Reiniger aus, um die Toilette und das Waschbecken zu putzen. Wichtig ist hier nur, dass Sie für das Bad andere Lappen oder Schwämme verwenden als in den restlichen Räumen der Wohnung. Und vor allem, dass Sie das Waschbecken zuerst reinigen und erst darauffolgend die Toilette, damit Sie die Keime aus der Toilette nicht auf Ihr Waschbecken übertragen. Nach Benutzung sollten Sie Ihre Lappen und Feudel sehr gut trocknen, da Bakterien feuchtes und warmes Milieu lieben, weil sie sich dort besonders gut vermehren können. Zusätzlich sollten Ihre Lappen häufig bei 60 Grad gewaschen werden, um alle restlichen Keime zu töten. Achten Sie in Ihrem Bad außerdem darauf, das Toilettenpapier leicht zugänglich aufzubewahren, damit Sie nicht erst Schränke öffnen müssen, was ebenfalls zur Verunreinigung führen kann. Bei Toilettenpapier gilt ebenfalls die Barriere-Regel.

Damit ist gemeint: Je dicker und dichter die Barriere, desto schwerer fällt den Bakterien das Überwinden dieser Barriere. Auf Toilettenpapier angewandt bedeutet dies: Desto mehr Lagen das Toilettenpapier aufweist, desto geschützter sind Ihre Hände vor Keimen. Das Toilettenpapier sollte nach der Benutzung auf jeden Fall in der Toilette entsorgt werden und nicht in einem Mülleimer! Außerdem ist es ratsam, den Deckel der Toilette vor dem Spülen zu schließen, um zu verhindern, dass durch das Herausspritzen des Spülwassers eine Verunreinigung der Umgebung stattfinden kann. Auch das Händewaschen ist hier verständlicherweise unbedingt notwendig. Auch den Kindern in Ihrer Familie sollte man das von Beginn an sorgsam beibringen, da diese mit weit mehr Bakterien in Berührung kommen.

Vom Bad zu einem weiteren, wichtigen Raum der Wohnung, in dem ein hohes Risiko in Bezug auf Erreger besteht: **die Küche**. Besonders tierische Produkte wie Fleisch oder Fisch stellen häufig Überträger von Keimen dar, die bei Menschen Durchfall und Erbrechen auslösen können. Daher ist es äußerst wichtig, dass diese Lebensmittel auf die richtige Weise gelagert, gesäubert oder zubereitet werden. Bei der Lagerung ist der Kühlschrank ein wichtiger Faktor, denn Kälte zieht das Verderben der Lebensmittel in die Länge. Generell sollten Sie darauf achten, die Kühlkette vom Supermarkt nach Hause nicht zu unterbrechen. Hilfreich können hier Kühltaschen sein, die die Kälte der Lebensmittel für einige Zeit bewahren können und die Wärme abhalten. Sobald Sie zu Hause ankommen, sollten Sie Ihre Lebensmittel sofort in den Kühlschrank einsortieren. Dabei kann es von großer Bedeutung sein, wie Sie die Lebensmittel sortieren. Denn Fleisch, Fisch und Eier sollten getrennt von den weiteren Lebensmitteln in Ihrem Kühlschrank aufbewahrt werden.

Der Kühlschrank sollte übrigens optimalerweise eine Temperatur von weniger als fünf Grad aufweisen. Bis sieben Grad wäre dies auch in Ordnung. Das Tiefkühlfach sollte nicht wärmer als -18 Grad sein. Den Kühlschrank sollten Sie auch regelmäßig reinigen, um möglichst hohen Schutz vor Bakterien zu bewahren. Wenn Sie angebrochene beziehungsweise geöffnete Ware lagern sollten, decken Sie diese ab oder verpacken Sie sie in kleine Boxen. Wenn Sie Lebensmittel zubereiten möchten, sollten Sie tiefgefrorene Ware im Kühlschrank abtauen lassen, um auch hier die Hygiene zu bewahren und generell alle Lebensmittel erst unmittelbar vor der Zubereitung aus dem Kühlschrank nehmen, damit die Kühlkette nicht zu lange unterbrochen ist. Wenn Sie Speisen zubereitet haben und etwas übrig geblieben ist, sollten diese schnell runtergekühlt werden und im Kühlschrank aufbewahrt werden, um auch hier die Verderblichkeit möglichst zu verhindern. Dennoch müssen zubereitet Speisen innerhalb von zwei Tagen verzehrt oder entsorgt werden.

Auch bei der Zubereitung der Speisen gibt es einige Regeln, die Sie beachten sollten. Selbstverständlich ist das regelmäßige Händewaschen eine dieser Regeln. Dies gilt vor allem vor und nach dem Kontakt mit rohem Fleisch oder Fisch und bei Abfällen. Generell sollten alle Küchenutensilien, die mit den rohen, tierischen Produkten in Kontakt gekommen sind, separiert gelagert und regelmäßig warm mit Spülmittel gereinigt werden. Dies gilt nicht nur für Messer, sondern auch für Unterlagen wie Bretter oder Teller, auf denen geschnitten wurde. Die Verpackungen von Fleisch sollten sofort entsorgt werden. Bei Speisen sind Sie übrigens sicherer, wenn Sie diese auf 70 bis 100 Grad erhitzen, da bei dieser Temperatur Keime absterben. Dies ist vor allem bei Rohmilch, Fleisch und Fisch wichtig. Für Menschen, deren Immunsystem geschwächt ist sowie für Kinder und Schwangere ist der Verzehr von rohen, tierischen Produkten übrigens nicht geeignet. So sollten beispielsweise Sushi, Rohmilch oder Austern von diesen Personen nicht verzehrt werden.

Für pflanzliche Produkte gilt ebenfalls Vorsicht. Denn diese können auch verunreinigt sein. Waschen Sie also Salate, Gemüse, Obst und so weiter vor dem Verzehr gründlich ab und schälen Sie, wenn möglich die Produkte, die nah über oder sogar in der Erde gewachsen sind.

Für die Hygiene in Ihrer Küche müssen wir ebenfalls den Umgang mit Geschirr und Besteck überdenken. Diese sollten entweder mit warmem Wasser und viel Spülmittel oder aber in einem Geschirrspüler bei 60 Grad gereinigt werden. Das sollte außerdem möglichst schnell nach Benutzung geschehen, da sich Keime hier ebenfalls gut vermehren. Die Regel der getrennten Handtücher und Lappen im Bad findet auch hier Anwendung. Nutzen Sie für die Reinigung des Bodens ein anderes Tuch als für das Geschirr und noch ein weiteres für alle Ablageflächen. All diese Tücher und Lappen sollten Sie zudem möglichst getrennt voneinander lagern. Außerdem sollten Sie diese ebenfalls gut trocknen und regelmäßig bei hohen Temperaturen waschen. Auch Ihre Spülbürste können Sie übrigens gut im Geschirrspüler reinigen. Ein regelmäßiges Ersetzen ist dennoch notwendig. Schwämme sollten Sie bestenfalls gar nicht benutzen, da diese die Keime sehr gut aufnehmen können. Sollten Sie dennoch nicht auf Schwämme verzichten wollen, dann wechseln Sie

diese häufig aus. Einweglappen sind besonders gut geeignet, um Lebensmittelreste zu entfernen.
Sie sollten regelmäßig Ihre Arbeitsflächen, Ihre Küchengeräte, die Spüle und alle Griffe von Schubladen oder Schränken sowie Lichtschalter mit warmem Wasser und Reiniger säubern. Achten Sie dabei darauf, die Flächen jeweils gut abzutrocknen, um ein schlechtes Milieu für Keime zu schaffen. Dies gilt auch für Ihre Abfallbehältnisse. Diese sollten Sie regelmäßig entleeren und ebenfalls mit warmem Wasser und Reinigungsmittel säubern.

Von angesehenen Institutionen in Deutschland lassen sich auch einige Ratschläge zur allgemeinen **Hygiene im Haushalt** finden. Dazu gehört neben den zuvor genannten Tipps und Tricks auch das regelmäßige Durchlüften. Dies ist immer sinnvoll, nicht nur, wenn jemand in Ihrem Haushalt erkrankt ist. Dadurch wird nämlich zum einen die Schimmelpilzbildung verringert, zum anderen aber auch die Anzahl der Tröpfchen in der Luft, die möglicherweise Erreger enthalten.
Generell sollten Sie, neben den zuvor genannten Lappen, alle Oberfläche gut trocknen, nachdem Sie sie feucht abgewischt haben. Weiterhin ist zu beachten, dass gängige Reiniger einen ebenso guten und hygienischen Effekt haben wie hoch angeworbene, teure Reiniger. Desinfektionsmittel machen hier übrigens wenig Sinn. Dazu aber später mehr im Kapitel „Desinfektion“.

Ein weiteres Hygiene-Risiko sind leider unsere geliebten **Haustiere**. Aber auch in diesem Fall gibt es hilfreiche Tipps, wie man dieses Risiko verringern kann. Der erste und wichtigste Tipp ist auch hier das Händewaschen. Dies ist nötig nach jedem Streicheln und nach dem Füttern. Hinzu kommt, alle Gegenstände und Utensilien, die für Ihr Tier benötigt werden, regelmäßig zu reinigen. Das sind Näpfe, Käfige und Ställe. Die Decken oder Kissen, auf denen Ihr Tier möglicherweise schläft, sollten regelmäßig bei 60 Grad gewaschen werden. Lassen Sie Ihre Haustiere nicht in Ihrem Bett schlafen und küssen Sie sie nicht. Lassen Sie sie außerdem nicht Ihr Gesicht und vor allem keine Wunden ablecken. Eine Tierschnauze ist ein Herd für Bakterien und Parasiten. Daher sollten Sie Ihr Tier auch nicht in die Nähe von Ihren Lebensmitteln lassen. Halten Sie auch Kinder von Katzentoiletten oder Futternäpfen fern. Die Tiere sollten außerdem regelmäßig entwurmt und geimpft werden. Wenn Sie gebissen wurden, bleibt dennoch ein Besuch bei Ihrem Arzt nicht aus. Die Wunden sowie Kratzspuren müssen antiseptisch gereinigt werden, damit es nicht zu Entzündungen kommt. Ein noch höheres Risiko besteht bei wilden Tieren. Fassen Sie diese am besten gar nicht oder nur mit Schutzhandschuhen an und waschen Sie sich danach die Hände. Nehmen Sie sie nicht mit in Ihr Haus und kontaktieren Sie einen Tierarzt.

Wenn Sie all diese Regeln beachten, können Sie sich sorgenfreier in Ihrem Haushalt bewegen und wohlfühlen. Teilen Sie auch Ihren Mitbewohnern diese Tipps und Regeln mit, damit auch sie diese einhalten können. Sollten Sie Kinder haben, können Sie diese wunderbar in die Routinen einbinden und ihnen das richtige Händewaschen auch spielerisch beibringen. Im Internet lassen sich eine Vielzahl an Liedern und Spielen zum Händewaschen finden.

Ob Ihr Haushalt aber komplett frei von Bakterien sein muss, welche Desinfektionsmittel es gibt und wie hilfreich diese im privaten Haushalt sind, wird im folgenden Kapitel erklärt.

## DESINFEKTION

Desinfektion scheint sich immer größerer Beliebtheit zu erfreuen. Desinfektionsmittel werden inzwischen in kleinen Spendern im Drogeriemarkt verkauft und Reinigungsmittel für den Haushalt werben mit einer 99%igen Abtötung von Bakterien. Wie wir bereits gelernt haben, sind einige Bakterien für uns wichtig. Und das für einen hygienischen Haushalt die herkömmlichen Reinigungsmittel vollkommen ausreichen, haben wir auch schon gelernt. Um den sinnlosen, eventuell sogar eher riskanten Einsatz von Desinfektionsmitteln zu verhindern, muss mehr aufgeklärt werden: Was bewirken Desinfektionsmittel eigentlich? Welche Arten gibt es? Nach welchen Kriterien sollte ein Desinfektionsmittel ausgewählt werden? All das sollte geklärt werden, denn nicht jedes Mittel macht immer Sinn.

Dazu ist zunächst eine Begriffsabgrenzung nötig. Desinfektion ist eine „möglichst vollständige Beseitigung pathogener Keime von einer lebenden oder toten Oberfläche“. So heißt es in Rudolf Preuners Buch „Hygiene für Krankenpflege- und medizinisch-technische Berufe. Eine Sterilisation hingegen meint eine „vollständige Beseitigung aller kontaminierenden Mikroorganismen einschließlich ihrer hochresistenten Formen, der Sporen“. Desinfektion beseitigt also nicht alle, sondern nur fast alle Erreger. Desinfektion wurde zunächst nur zu medizinischen Zwecken in Kliniken verwendet. Inzwischen hat es auch in vielen weiteren Gebieten wie der Lebensmittelindustrie Einzug erhalten.

Wichtig ist nun, zu wissen, dass es unterschiedliche Formen von Desinfektionsmitteln gibt, die unterschiedliche Erreger bekämpfen. Fungizide Desinfektion bekämpft Pilze, Sporizide bekämpfen Sporen, bakterizide Desinfektionsmittel bekämpfen Bakterien und viruzide Mittel bekämpfen Viren. Das also während der Corona– Pandemie 2020 vermehrt auch bakterizide Desinfektionsmittel gekauft und angewendet wurden, zeugt nur von der Unwissenheit und hat zumindest dem Coronavirus keinen Schaden zugefügt. Außerdem ist zu beachten, dass Viren ja keinen aktiven Stoffwechsel haben, da sie keine Lebewesen sind. Daher werden Viren nicht getötet, sondern inaktiviert.

Ferner gibt es sechs Faktoren, nach denen ein Desinfektionsmittel ausgewählt werden muss. Diese sechs Faktoren werde ich Ihnen nun aufzählen:

(1) die abzutötende Erregerart

(2) die Art des Trägers (Luft, Wasser, an Oberflächen oder in der Tiefe sitzend)
(3) die Umhüllung des Trägers (Eiter, Blut, oder Staub)
(4) die Temperatur, da auch diese einen Einfluss auf den Effekt hat (je niedriger die Temperatur, desto schlechter der Effekt)
(5) die Geschwindigkeit, in der die volle Wirkung des Mittels eingetreten sein muss
(6) die Hautverträglichkeit, wenn diese eine Rolle spielt

Sie merken also, dass es eher schwierig ist, das passende Desinfektionsmittel für unterschiedliche Situationen zu finden. Generell ist die Desinfektion auch nur in Kliniken sinnvoll, da hier viele Patienten sind, die ein geschwächtes Immunsystem haben, hoch ansteckend sind oder eine Operation hinter sich haben, bei der die Haut aufgetrennt wurde. Dies stellt für Erreger eine offene Eingangspforte dar. Daher möchte man hier eine möglichst keimfreie Umgebung schaffen.

Sollten Sie Verwendung für ein Desinfektionsmittel haben, vielleicht weil jemand aus Ihrem Haushalt von einer hochansteckenden Krankheit betroffen ist, lassen Sie sich in einer Apotheke oder bei einem Arzt beraten, welches Mittel das richtige ist und wie es korrekt angewendet wird. Eine dauerhafte Sterilisation ihrer Wohnung macht keinen Sinn und ist aus ärztlicher Sicht auch nicht ratsam.

## SCHUTZIMPFUNGEN

Es gibt einen weiteren, ausgeklügelten Weg, sich vor allem vor gefährlichen Krankheiten zu schützen. Durch Schutzimpfungen kann erzielt werden, dass Menschen oder Haustiere sich nicht mit einem bestimmten Erreger infizieren. Forscher haben vor etlichen Jahren herausgefunden, dass Säugetiere in der Lage dazu sind, eine Immunität gegen Erreger und/ oder deren Gifte (Toxine) zu entwickeln. Wir, als Laien und

Patienten, gehen jedoch nur zum Arzt, werden geimpft und wissen gar nicht wirklich mehr darüber. Was wird mir da gespritzt und wie soll mir das helfen? Dieses Kapitel soll Aufschluss darüber bringen.

Es existieren drei Wege, eine solche Immunität zu erreichen: über die Totimpfstoffe, die Toxoide und die Lebendimpfstoffe.

Bei **Totimpfstoffen** wurde im Vorfeld der Erreger in einem speziellen Verfahren abgetötet, also unschädlich gemacht. Die Substanz, die übrig bleibt, ist das Antigen. Dieses Antigen hat eine immunisierende Funktion. Da der gespritzte Erreger im Vorfeld abgetötet wurde, ist er nicht mehr in der Lage, sich im Organismus des Geimpften zu vermehren, sondern es ist nur die Dosis wirksam, die geimpft wurde. Da diese selten ausreicht, um eine vollständige und zuverlässige Immunisierung zu erreichen, wird bei diesen Impfstoffen mehrfach nachgeimpft. Ein solcher Totimpfstoff wird beispielsweise bei Cholera, FSME, Grippe, Hepatitis A und B, Meningokokken, Keuchhusten oder Pneumokokken angewendet.

Bei verschiedenen Bakterienarten setzt man **Toxoide** zur Immunisierung ein. Hier werden die ausgeschiedenen Gifte der Bakterien, die für die Symptome verantwortlich sind, aus einer künstlich herangezüchteten Kultur gewonnen. Dieses wird dann im nächsten Schritt durch spezielle Methoden entgiftet, wobei seine antigenen Eigenschaften erhalten bleiben. Dieser Stoff wird nun Toxoid genannt. Er weist also immunisierende Eigenschaften gegen das bestimmte Gift auf, ist selbst aber nicht mehr giftig beziehungsweise schädlich oder gefährlich. Auch hier reicht die einmalige Dosis selten für eine zuverlässige und vollständige Immunisierung aus, weshalb zwei bis drei Mal nachgeimpft werden muss. Toxoide kommen beispielsweise bei Tetanus oder Diphtherie zum Einsatz.

Zuletzt sollen an dieser Stelle noch die **Lebendimpfstoffe** genannt werden. Bei den Lebendimpfstoffen gibt es zwei verschiedene Methoden, die Anwendung finden.

Für die erste Methode wird die Ähnlichkeit zweier unterschiedlicher Keime, die aber auch unterschiedlich schädlich oder gefährlich sind,

ausgenutzt. Die Theorie dahinter ist, dass man eine Immunität gegen den weniger schädlichen Keim erreichen möchte, damit man gleichzeitig gegen den sehr ähnlichen, aber gefährlicheren Keim ebenfalls immun ist. Anwendung findet dieses Prinzip beispielsweise bei der Pockenimpfung. Hier wird ausgenutzt, dass die Pocke, die durch das Virus der „Schutzblattern" hervorgerufen wird, ebenfalls gegen die echten Pocken und Blattern schützt. Hier reicht, im Gegensatz zu den bisherigen Beispielen, eine Impfung aus, um volle Immunität zu erreichen, da das Virus sich im Körper des Geimpften immer weiter vermehrt und sich damit auch die Antigene vermehren. Ist die Anzahl der Antigene hoch genug, kann der zugehörige Erreger durch die erreichte Immunität unschädlich gemacht werden.
Die zweite Methode ist häufig mühseliger als die erste. Hier wird der Krankheitserreger, gegen den eine Immunität erreicht werden soll, durch aufwendige Prozesse soweit abgeschwächt, dass er weiterhin infektiös ist, aber seine krankmachenden Eigenschaften verliert. Hier wurde erforscht, dass der Keim seine damalige Fähigkeit, den besetzten Organismus krank zu machen, verloren hat und auch nicht wiedererlangen kann, da er durch die vorherigen Prozesse mutiert ist. Dennoch besteht eine Immunität. Diese Art der Schutzimpfung findet bei Gelbfieber, Mumps, Masern, Röteln und Tuberkulose Anwendung.

Diese Methoden, die bisher genannt wurden, führen zu einer **aktiven Immunität**. Das meint, dass die Immunität selbstständig vom Organismus ausgebildet wurde und nur dadurch eine Immunität erzielt werden konnte. Eine solche Immunisierung dauert von der eigentlichen Impfung bis zum vollen Schutz ungefähr zwei bis drei Wochen.

Neben der aktiven Immunität gibt es selbstverständlich auch eine **passive Immunität**. Diese setzt sofort (und nicht wie der aktiven Immunisierung erst nach einigen Wochen) ein, wenn von einem bereits immunen Organismus die Antikörper in das Blut oder das Gewebe eines nicht immunen Organismus gespritzt werden. Bei den Antikörpern handelt es

sich um Bluteiweißstoffe, sogenannte Gamma-Globuline.
Je fremder, beziehungsweise entfernter verwandt die beiden Organismen, also „Spender" und Empfänger sind, desto schneller geht die Immunität verloren. Würde man einem Menschen, der passiv immunisiert werden soll, beispielsweise Pferdeeiweiß übertragen, würde sein Organismus dies sofort als fremd erkennen und innerhalb von 14 Tagen abbauen und entfernen. Würde man stattdessen Mencheneiweiß nehmen, würde auch dies als fremd erkannt werden, aber durch die gewisse Verwandtschaft akzeptiert und erst innerhalb von vier bis sechs Wochen abgebaut werden. Wären Spender und Empfänger Geschwister, würde der Stoff ebenfalls als fremd, aber nah verwandt erkannt werden. Sind die beiden Beteiligten sogar eineiige Zwillinge, so ist das Eiweiß von beiden Zwillingen sowieso identisch und daher nicht fremd. Dieses Prinzip wurde zum Vorteil genutzt und daraus sind Heilseren, Gammaglobulin- und Hyperimmungammaglobulinpräparate entstanden, auf die wir an späterer Stelle noch mal zu sprechen kommen.

Es gibt leider auch gewisse Probleme, die den Impfschutz beeinträchtigen beziehungsweise diesen ganz riskieren. Dazu gehört etwa, dass vor allem im Kindesalter der Impfkalender eingehalten werden muss. Hier bestehen zwischen den einzelnen Impfungen bestimmte zeitliche Abstände, die gewährleistet sein müssen, damit sich die Immunität schadenfrei in der dafür nötigen Zeit ausbilden kann und durch das Nachimpfen das Maß des Impfschutzes (Titer) erhöht werden kann. Außerdem wird durch das Einhalten der zeitlichen Abstände gewährleistet, dass eine Unverträglichkeit der Impfstoffe untereinander umgangen werden kann.

Ein zweites Problem des Impfschutzes kann durch Mehrfachimpfungen entstehen. Hier erfolgt das kombinierte Impfen verschiedener Impfstoffe zum gleichen Termin. Dies geschieht entweder durch das Mischen der Antigene in einer Spritze. Oder aber es wird gleichzeitig eine Art gespritzt und eine andere Art geschluckt. Durch Mehrfachimpfungen sollen Impftermine eingespart werden, damit das Gesundheitswesen entlastet wird.

Ein weiteres Problem bezüglich der Impfungen besteht während einer Schwangerschaft. Hier ist sowohl die werdende Mutter als auch das ungeborene Kind in Gefahr, wenn bestimmte Infektionskrankheiten (vor allem jene, die durch Viren ausgelöst werden) ausbrechen. Das ein Embryo noch nicht in der Lage ist, die uns bekannte immunologische Abwehrreaktion zu entwickeln, können die Kinder beispielsweise bei einer Rötelninfektion unter Umständen schwere Schäden davontragen. Die Abwehrreaktion entwickelt sich erst im Laufe der Fetalzeit. Es kann allerdings nicht ganz ausgeschlossen werden, dass sich die Mutter Infektionen ausgesetzt sieht. Impfungen sollten vor allem nicht im ersten Trimester der Schwangerschaft durchgeführt werden. Aber am besten vermeidet man sie in den vollen neun Monaten oder führt sie wirklich nur dann durch, wenn kein anderer Weg gesehen wird, um Mutter und Kind zu schützen. Lebendimpfstoffe werden aber auch bei diesen Ausnahmen nicht genutzt, da sie Infektionen auslösen können. Die einzige Lebendimpfung, die ungefährlich ist, ist die Schluckimpfung gegen Kinderlähmung.

Diese sollte aber bis vier Wochen vor dem Entbindungstermin abgeschlossen sein. Sonst würde ein Risiko bestehen, da Impfviren auch durch den Kot ausgeschieden werden können und dies im Krankenhaus gefährlich ist. Stattdessen können inaktivierte Impfstoffe eingesetzt werden, die in der Regel gut verträglich sind. Bei Schwangeren und auch bei Risikopatienten wie Diabetikern und anderen akut Erkrankten können passive Impfungen mit Immunglobulinen angewendet werden. An dieser Stelle kommen wir zu den Erkenntnissen, die zuvor erklärt wurden. Hier nutzt man, wie beschrieben, Antikörper eines anderen Menschen und spritzt diese entweder in das Blut oder in das Gewebe des zu Impfenden. Entweder nutzt man ein Konzentrat mit bestimmten Anti körpern oder aber man spritzt ein Gammaglobulinkonzentrat aus dem

Blut eines Erwachsenen. Hier macht man sich zum Vorteil, dass im Blut eines Erwachsenen eine Reihe verschiedener Antikörper unterschiedlichster Art vorhanden sind. Es existieren auch tierische Immunseren, die aufgrund ihrer tierischen und damit fremden Herkunft eher als gefährlich eingestuft werden. Hier kann es zu einem anaphylaktischen Schock oder der Serumkrankheit kommen. Eine solche Behandlung ist nur in Ausnahmen anzuwenden, beispielsweise bei einem Schlangenbiss.

Weiterhin existieren Simultanimpfungen. Hier werden ein Toxoid (also eine aktive Impfung) und ein spezifischer homologer Immunglobulin (also eine passive Impfung) gleichzeitig, aber an unterschiedlichen Körperstellen, injiziert. Das Immunglobulin bietet für drei bis vier Wochen einen Impfschutz, bis die gleichzeitig gespritzte aktive Immunisierung eingesetzt hat. Dies kann beispielsweise bei Tetanus der Fall sein.

Zu den Problemen gehören außerdem Auslandsreisen (Urlaube, aber auch geplante berufliche Einsätze im Ausland). Dies kann durch eine Seuchenbelastung im Zielgebiet der Fall sein. Aber ebenso auch durch Gesetze der Länder, durch die man hindurch reist oder zu denen man reist, um dort für den Urlaub oder die Arbeit zu bleiben. Hier ist allerdings zu unterscheiden, ob man in einem Entwicklungsland, das mit einer Endemie zu kämpfen hat, als Entwicklungshelfer arbeiten möchte, oder ob man in einem Luxushotel in einem dieser Länder als Tourist beherbergt wird.

Damit Sie rausfinden können, ob in Ihrem Zielland Impfvorschriften bestehen, sollten Sie in Ihrem örtlichen Gesundheitsamt nachfragen. Diese verfügen über aktuelle Informationen der Weltgesundheitsorganisation, die wiederum Stellungnahmen aus den einzelnen Ländern über den aktuellen Stand von möglichen Entwicklungen bestimmter Infektionszahlen erhalten. Hier bestehen zum einen die obligatorischen Impfungen gegen Pocken oder Gelbfieber und zum anderen die wünschenswerten Impfungen, die in erster Linie im Interesse des Reisenden sind.

Hierzu gehören zum Beispiel Impfungen gegen Tetanus oder Poliomyelitis.

Ein weiteres Problem entsteht, wenn eine Infektion beispielsweise aus einem tropischen Land eingeschleppt wird und sich die Seuchenlage dadurch plötzlich ändert. Hier gibt das Bundesseuchengesetz vor, dass Schutzimpfungen vorgeschrieben werden können.

Problematisch ist auch das Infektionsrisiko bestimmter Personengruppen. Dies ist meist auf den Berufsstand bezogen. Beispielsweise sind Forscher, die tagtäglich mit Viren oder Bakterien arbeiten, besonders gefährdet. Zu den gefährdeten Berufsgruppen gehören aber auch Ärzte, Pflege- und weiteres Krankenhauspersonal, besonders, wenn sie auf einer Infektionsstation arbeiten. Hier können gewisse Impfungen notwendig werden.

Ein Problem kann auch entstehen, da der schützende Effekt einer Impfung, der durch die körpereigene Bildung von Antikörpern entsteht, nicht immer lebenslang besteht. Totimpfstoffe schützen zum Beispiel deutlich kürzer, als Lebensimpfstoffe es tun. Hier ist man darauf angewiesen, den Auffrischungseffekt, auch „booster-effect" genannt, auszunutzen. Dieser tritt durch eine Wiederholungsimpfung auf, bei der eine weitere Impfdosis gespritzt wird. Diese enthält eine geringe Menge an Antikörpern, um so den mit der Zeit absinkenden Impfschutz wieder zu erhöhen. Je nach bestehendem Maß an Immunität variiert auch das Maß des Anstiegs der neugewonnenen Immunität. Je nach Impfstoff unterscheidet sich die Zeitspanne, nach der eine Auffrischung notwendig wird.

Ein letztes, aber nicht geringeres Problem sind Nebenwirkungen durch Impfungen. Die leichten Formen der Nebenwirkungen werden auch Impfreaktionen genannt. Dies sind die typischen Symptome wie Schwellungen und Rötungen der jeweiligen Impfstelle. Aber auch Fieber, Kopf- und Gliederschmerzen oder Unwohlsein können entstehen. Nach wenigen Tagen werden diese Reaktionen wieder geringer und verschwinden vollständig. Sie sind außerdem ein Zeichen dafür, dass sich das Immunsystem wie erwünscht mit dem Impfstoff auseinandersetzt.

Impfkomplikationen sind schwerwiegendere Folgen einer Impfung. Diese Komplikationen müssen auf jeden Fall auch gemeldet werden. Die Symptome können hier je nach Impfstoff ganz unterschiedlich ausgeprägt sein.

Impfschäden sind von höchstem Ausmaß. Hier entstehen tatsächliche körperliche Schädigungen durch einen Impfstoff. Ein Impfschaden besteht auch, wenn eine Kontaktperson des Geimpften geschädigt wurde. Dies kann passieren, wenn mit einem Erreger geimpft wurde, der vermehrungsfähig ist.

Unabhängig von den zuvor genannten Informationen sollten Sie Ihren Impfpass regelmäßig zu Ihrem Arzt mitnehmen und überprüfen lassen, ob der Impfschutz noch besteht und wann die nächste Impfung fällig wird. Ein gründlich geführter Impfpass hilft auch, wenn man einen Auslandsaufenthalt plant. Mit einem kurzen Blick auf Ihren Impfpass kann Ihr Arzt oder Ihre Ärztin erkennen, ob Sie vor Ihrem Urlaub oder Ihrem beruflichen Auslandseinsatz noch Impfungen nachholen müssen, oder ob in dem jeweiligen Zielland vielleicht ganz andere Impfungen nötig werden.

# Was Sie mitnehmen sollten

In diesem Buch haben Sie nun eine ganze Masse an neuen Informationen bekommen. Ich hoffe, ich konnte Ihre Fragen zu Bakterien und Viren ausreichend beantworten. Natürlich kann dieses Buch kein Medizinstudium oder Biologiekurs ersetzen, doch das ist für den gesunden Alltag auch nicht nötig. Wichtig ist mir, dass Sie verstanden haben, dass es nicht sinnvoll ist, alle Erreger in der Umwelt abtöten zu wollen.

Bakterien und Viren umgeben uns tagtäglich in einer fast unglaublichen Masse. Dies ist auch bei Pilzen und Parasiten der Fall. Sie wissen nun, was hinter welchen Begriffen steckt und können dadurch vielleicht neu aufkommende Krankheiten besser einsortieren. In öffentlichen Diskussionen wird leider häufig davon ausgegangen, dass alle Menschen ein gewisses Grundvokabular und Verständnis von Erregern und deren Behandlungen haben und dadurch zu besten Entscheidungen kommen können. Dies ist leider aber noch zu selten der Fall, wogegen dieses Buch einen Beitrag leisten sollte.

Sie können nun einschätzen, dass es in Ordnung ist, gewissen Umwelteinflüssen von Bakterien über Viren ausgesetzt zu sein, denn trotz allem sind wir vergleichsweise selten krank. Der Körper verfügt über einige großartige Schutzbarrieren und Systeme, die ineinandergreifen und sehr viele Einflüsse, von denen wir im Alltag nur wenig mitbekommen, von uns fernhalten. Sie wissen jetzt, welche Schutzbarrieren der Körper bereithält und dass er selbst Bakterien einsetzt. Dies geschieht beispielsweise, um auf der Haut vor schlechten Bakterien zu schützen und um die Haut widerstandsfähig zu halten, sodass keine Erreger durch Risse oder weitere Verletzungen in den Körper dringen können. Und selbst wenn diese Erreger beispielsweise in die Blutbahn geraten, gibt es ja eine Reihe von weiteren Prozessen, über die Sie jetzt Bescheid wissen. Von T-Zellen über Antikörper haben Sie jetzt ein grundlegendes

Verständnis von der Funktionsweise unseres Immunsystems. Dass dies noch weitaus komplexer ist, als es hier beschrieben werden konnte, sollte klar sein. Dieses Buch soll, wie gesagt, kein Studium jeglicher Weise ersetzen, sondern nur einen Überblick schaffen, um Ihnen im Alltag den Weg weisen zu können.

Gegen alle schädlichen Erreger kann der Körper uns jedoch nicht schützen. Doch durch das neu gewonnene Verständnis von Übertragungswegen und angemessener Hygiene im Haushalt und im Umgang mit Menschen, speziell mit Erkrankten, sollten Sie nun in der Lage sein, gewisse Infektionsherde zu vermeiden und sich selbst so zu verhalten, dass das Risiko, zu erkranken für Sie möglichst gering ist. Sie können nun auch in Ihrem Sexualleben lebenswichtige Vorkehrungen treffen, die Sie und Ihren Sexualpartner schützen, wodurch bei beiden weniger Sorgen bestehen müssen.

Und auch, wenn Sie mal mit einem erkrankten Menschen in Kontakt kommen, wissen Sie ja jetzt, welche Schutzbarrieren der Körper bereithält. Das Immunsystem ist ein komplexes System, das darauf trainiert ist, Sie zu beschützen. Sie wissen jetzt, wie es zumindest im Groben funktioniert, welche Zellen welche Aufgaben besitzen und welche Prozesse im Körper bei Eindringen eines Erregers ausgelöst werden.

Außerdem wissen Sie jetzt, welche Krankheiten durch welche Erreger ausgelöst werden. Das bietet Ihnen ein besseres Verständnis, wenn beispielsweise in der Schule eine weitere Kinderkrankheit ausbricht. So können Sie Ihr Wissen einsortieren und für sich entscheiden, welche Schutzmaßnahmen angebracht und sinnvoll sind und welche eventuell gar keinen Unterschied machen. Sie können nun die Mitglieder Ihres Haushalts darüber aufklären, wie richtiges Händewaschen funktioniert, warum die Temperatur diesbezüglich keinen Unterschied macht und warum Sie jetzt gerne Ihr eigenes Handtuch hätten.

Zu den Schutzvorkehrungen gehören auch Impfungen. Diese können auf ganz unterschiedliche Weise wirken, da sie verschiedene

Prozesse im Körper auslösen. Sie sollten jetzt wissen, wie diese jeweils ablaufen und warum man manchmal erst nach vier Impfungen geschützt ist, während bei anderen schon eine Spritze ausreicht. In Deutschland gibt es immer wieder neu aufflammende Diskussionen, ob Impfen zur Pflicht gemacht werden soll oder nicht. In diesen Diskussionen werden zahlreiche Argumente in die Runde geworfen und viele Gefühle und Ängste diesbezüglich geäußert. Zwischen Impfgegnern und Impfbefürwortern möchte ich nicht für Sie entscheiden. Aber Sie wissen jetzt, was bei einer Impfung passiert und nun können Sie für sich und Ihre Kinder entscheiden, ob Sie diese Art der Vorbeugung für richtig halten oder nicht.

Ich habe außerdem in diesem Buch ausführlich erklärt, welche Medikamente gegen Bakterien und welche gegen Viren helfen. Damit versuche ich zu verhindern, dass Sie mit Ihren Fragen allein gelassen werden, die Ihr Arzt Ihnen diese möglicherweise nicht beantwortet. Häufig ist man ein unwissender Patient, der von den Vorgängen nicht genug weiß, um sich bei Entscheidungen eine eigene Meinung bilden zu können, sondern sich ganz auf das Wissen des Arztes verlassen muss. Es ist aber nicht schlecht, auch selbst ein gewisses Verständnis von Arzneimitteln zu haben und die Entscheidungen des Arztes gezielt hinterfragen zu können. Wenn dies dazu führt, dass Sie besser und erfolgreicher behandelt werden, hat dieses Buch einen sehr guten Job gemacht.

Dieses Buch soll aber keinen Arztbesuch ersetzen! Ich möchte Ihnen noch einmal ans Herz legen, dass Sie sich bei allen Fragen auf jeden Fall an medizinisches Fachpersonal richten sollten. Dieses ist sehr gut ausgebildet und kann Ihnen bei Fragen immer weiterhelfen. Dieses Buch soll lediglich als Orientierung dienen, damit Sie einen Überblick über gewisse Gesundheitslehren erhalten. Wenn Sie bestimmte Krankheitsanzeichen haben, die nach diesem Buch auf eine der erklärten Krankheiten passen, sehen Sie dies unter keinen Umständen als verlässliche Diagnose an. Sie sollten dennoch zum Arzt gehen und sich untersuchen lassen.

Viele Krankheiten haben dieselben Symptome, hinter denen aber, wie Sie durch das Buch jetzt wissen sollten, ganz unterschiedliche Erreger stecken, die eine ganz andere Therapie erfordern. Ich habe lediglich darauf abgezielt, dass Sie ein größeres Verständnis von Krankheitsbildern erhalten, damit Sie für den Alltag sensibilisiert werden, aufgeklärt sind und in Situationen wie Händeschütteln wissen, dass Sie sich danach nicht in das Gesicht fassen, sondern sich die Hände waschen sollten. Außerdem können Sie jetzt auch Ihre Mitmenschen darüber aufklären und dadurch für eine sichere und hoffentlich gesündere Umwelt sorgen.

Passen Sie auf sich und die Menschen in Ihrem Umfeld auf und sorgen Sie für ein angemessenes Maß an Hygiene, das weder übertrieben noch nachlässig ist. Sie brauchen keine sterile Küche und kein steriles Bad. Doch die Ratschläge in diesem Buch reichen für eine saubere Wohnung, die krankmachende Keime im großen Maße ausschließt. Vor allem können Kinder von Ihrem neu gewonnenen Wissen profitieren, da diese ja, wie Sie jetzt wissen, noch besonders häufig krank werden und deutlich sorgloser im Sand spielen.

# Quellenverzeichnis

## LITERATURQUELLEN

Hadorn, Ernst / Rüdiger Wehner (1978): Allgemeine Zoologie, 20. Aufl., Stuttgart, Deutschland: Georg Thieme Verlag.

Menche, Nicole (Hrsg.) (2012): Biologie Anatomie Physiologie, 7. Aufl., München, Deutschland: Urban & Fischer Verlag/Elsevier GmbH.

Preuner, Rudolf (1982): Hygiene für Krankenpflege- und medizinisch-technische Berufe, 2. Aufl., Stuttgart, Deutschland: Georg Thieme Verlag.

Tobler, Kurt / Mathias Ackermann / Cornel Fraefel (2016): Allgemeine Virologie, Stuttgart, Deutschland: utb GmbH.

## INTERNETQUELLEN

https://www.infektionsschutz.de/ [06.04.2020]

https://www.lecturio.de/lexikon/bakterien [07.04.2020]

https://de.wikipedia.org/wiki/Viren [07.04.2020]

https://www.rki.de/SharedDocs/FAQ/Pandemie/FAQ18.html [07.04.2020]

https://www.planet-wissen.de/natur/mikroorganismen/bakterien_urkeime_helfer_erreger/pwiewassindbakterien100.html [09.04.2020]

https://www.spektrum.de/lexikon/biologie/bakterien/6844 [09.04.2020]

https://www.apotheken-umschau.de/Infektion/Der-Unterschied-zwischen-Bakterien-und-Viren-209555.html [09.04.2020]

https://www.onmeda.de/krankheitserreger/bakterien_aufbau_struktur.html [09.04.2020]

https://www.quarks.de/gesundheit/medizin/so-lange-ueberleben-keime-auf-oberflaechen/ [09.04.2020]

https://www.apotheken-umschau.de/Infektion/Wenn-Streptokokken-krank-machen-97403.html [09.04.2020]

https://www.infektionsschutz.de/erregersteckbriefe/salmonellen.html [09.04.2020]

https://www.internisten-im-netz.de/aktuelle-meldungen/aktuell/warum-

milchsaeurebakterien-so-gesund-sind.html [09.04.2020]
rki.de/SharedDocs/FAQ/Influenza/FAQ_Liste.html [09.04.2020]
https://www.wissenschaft.de/umwelt-natur/gute-bakterien-schlechte-bakterien/ [17.04.2020]
https://www.liebesleben.de/fuer-alle/sexuell-uebertragbare-infektionen/ [18.04.2020]
https://www.liebesleben.de/fuer-alle/sexuell-uebertragbare-infektionen/chlamydien/?logintype=logout [18.04.2020]
https://www.liebesleben.de/fuer-alle/sexuell-uebertragbare-infektionen/hpv-feigwarzen/?logintype=logout [18.04.2020]
https://www.liebesleben.de/fuer-alle/sexuell-uebertragbare-infektionen/kraetze/?logintype=logout [18.04.2020]
https://www.liebesleben.de/fuer-alle/sexuell-uebertragbare-infektionen/hiv-aids/?logintype=logout [18.04.2020]
https://www.liebesleben.de/fuer-alle/sexuell-uebertragbare-infektionen/gonorrhoe-und-tripper/ [18.04.2020]
https://www.liebesleben.de/fuer-alle/sexuell-uebertragbare-infektionen/herpes/ [18.04.2020]
https://www.liebesleben.de/fuer-alle/sexuell-uebertragbare-infektionen/trichomonaden/ [18.04.2020]
https://www.liebesleben.de/fuer-alle/sexuell-uebertragbare-infektionen/syphilis/ [18.04.2020]
https://www.liebesleben.de/fuer-alle/sexuell-uebertragbare-infektionen/hepatitis-a/ [18.04.2020]
https://www.liebesleben.de/fuer-alle/sexuell-uebertragbare-infektionen/hepatitis-b/ [18.04.2020]
https://www.liebesleben.de/fuer-alle/sexuell-uebertragbare-infektionen/hepatitis-c/ [18.04.2020]
https://www.liebesleben.de/fuer-alle/sexuell-uebertragbare-infektionen/filzlaeuse/ [18.04.2020]
https://www.infektionsschutz.de/infektionskrankheiten/uebertragungswege/eintrittspforten-fuer-erreger.html [18.04.2020]
https://www.liebesleben.de/fuer-alle/sexuell-uebertragbare-infektionen/sti-behandlung/ [20.04.2020]

https://www.gesundheitsinformation.de/kopflaeuse.2191.de.html [20.04.2020]
https://www.rki.de/DE/Content/Infekt/EpidBull/Merkblaetter/Ratgeber_Kopflausbefall.html [20.04.2020]
https://www.rki.de/SharedDocs/FAQ/FSME/Zecken/Zecken.html [21.04.2020]
infektionsschutz.de/erregersteckbriefe/borreliose.html [21.04.2020]
https://www.infektionsschutz.de/infektionskrankheiten/erregerarten/parasiten.html [21.04.2020]
https://www.kindergesundheit-info.de/themen/krankes-kind/wuermer/madenwuermer/ [21.04.2020]
https://www.jameda.de/gesundheit/infektionen-viren/wuermer-beim-menschen-so-erkennen-und-behandeln-sie-die-symptome/ [21.04.2020]
https://www.kindergesundheit-info.de/themen/krankes-kind/wuermer/wurmerkrankungen/ [21.04.2020]
https://www.kindergesundheit-info.de/themen/krankes-kind/wuermer/spulwuermer/ [21.04.2020]
https://www.infektionsschutz.de/infektionskrankheiten/erregerarten/pilze.html [21.04.2020]
https://www.apotheken-umschau.de/Fusspilz [21.04.2020]
https://www.apotheken-umschau.de/Hautpilz/Hautpilz-Schnelleinsatz-gegen-laestiges-Jucken-497085.html [21.04.2020]
https://das-immunsystem.de/fuer-jedermann/unser-immunsystem/ [23.04.2020]
https://www.rki.de/DE/Content/Kommissionen/STIKO/Impfsicherheit/sicherheit_impfungen_node.html [24.04.2020]
https://www.netdoktor.de/impfungen/lebend-und-totimpfung-1575.html [24.04.2020]
https://www.apotheken-umschau.de/Keimnachweis [25.04.2020]
https://www.msdmanuals.com/de-de/heim/infektionen/diagnose-einer-infektionskrankheit/diagnose-einer-infektionskrankheit [25.04.2020]
https://www.apotheken-umschau.de/Infektion/Der-Unterschied-zwischen-Bakterien-und-Viren-209555.html [25.04.2020]
https://www.apotheken.de/krankheiten/hintergrundwissen/10495-

virostatika-mittel-gegen-viren [25.04.2020]
https://www.apotheken.de/krankheiten/hintergrundwissen/10493-antibiotika-mittel-gegen-bakterien [25.04.2020]
https://www.infektionsschutz.de/infektionskrankheiten/behandlungsmoeglichkeiten/antibiotika.html [26.04.2020]

Wir danken Ihnen für Ihr Interesse und Ihr Vertrauen. Als Dankeschön dafür, haben wir eine besondere Überraschung. Wir haben exklusiv für Sie **„Tipps und Tricks gegen VIREN & BAKTERIEN - Checkliste für ein Viren und Bakterien freies zu Hause“**. Und diese erhalten Sie vollkommen kostenlos. Das klingt wunderbar? Dann warten Sie nicht lange und holen Sie sich Ihr Gratis-Geschenk.

## Hier geht es zu Ihrem Gratis-Geschenk:

https://forms.gle/rGFrovdadWiopqp99

1. **Öffnen Sie die Kamera-App auf Ihrem Smartphone und richten Sie die Kamera auf den QR-Code.**
2. **Klicken Sie auf den Link, der Ihnen angezeigt wird und schon werden Sie zur Website weitergeleitet.**

# Impressum

Verlag: Orbita Media Verlag GmbH & Co. KG / Ericusspitze 4 / 20457 Hamburg / Deutschland
Website: https://orbita-media.de
Cover Image: Shutterstock
ISBN: 9783989357211

www.ingramcontent.com/pod-product-compliance
Lightning Source LLC
LaVergne TN
LVHW010834051026
849532LV00007B/2701
* 9 7 8 3 9 8 9 3 5 7 2 1 1 *